MISSION MARS

LE DOCU DONT TU ES LE HÉROS

Dans la même collection

Direction : Guillaume Arnaud, Guillaume Pô
Direction éditoriale : Emmanuelle Braine Bonnaire
Édition : Sarah Hamon, assistée d'Anne Le Marois
Direction artistique : Élisabeth Hebert, assistée de Bleuenn Auffret
Mise en page : les PAOistes
Fabrication : Marie Guibert et Thierry Dubus
Pictogrammes : © Shutterstock

Dépôt légal : septembre 2017
ISBN : 978 2 215 15166 1
MDS : 592439
N° d'édition : J17214

Achevé d'imprimer en août 2017 en Espagne par GraphyCems.
Loi n° 49-956 du 16 juillet 1949 sur les publications destinées à la jeunesse.

MISSION MARS

LE DOCU DONT TU ES LE HÉROS

TEXTE : PHILIPPE NESSMANN
ILLUSTRATIONS : DOFRESH

FLEURUS

ES-TU PRÊT(E) À PARTIR EN MISSION ?

Ce livre pas comme les autres te propose une incroyable aventure !

Dans les pages qui suivent, tu ne liras pas les chapitres dans l'ordre, mais tu navigueras de l'un à l'autre en fonction des choix que tu auras faits.

Tu auras besoin de toute ton astuce, de ton bon sens, mais aussi du maximum de tes connaissances, car chaque mauvaise décision peut s'avérer fatale. Tu n'es pas spécialiste des expéditions dans l'espace ? Ce n'est pas grave : grâce à ce livre, tu apprendras très vite de tes erreurs et deviendras incollable !

Alors, prêt(e) à affronter tous les dangers ?

COMMENT ÇA MARCHE ?

Repère-toi grâce aux numéros de chapitre en haut de page.

61

Tu rejoins James dans la salle de contrôle de la base.

— L'ordinateur indique que la production d'oxygène s'est brusquement arrêtée, t'explique-t-il.

— Quel est le niveau de nos réserves ?

— Il est correct. Pas d'inquiétude pour le moment. Mais si on veut rester ici encore plus d'un an, il faut relancer la production.

— OK, je vais voir.

Tu enfiles ton scaphandre, prends ta boîte à outils, sors de la base et marches jusqu'au générateur. Il est facile à repérer : le réacteur nucléaire alimente en électricité grâce à un énorme câble rouge, la base étant, elle, alimentée par un câble bleu. Tu enlèves le capot et comprends tout de suite le problème : une pièce en plastique s'est cassée. Les systèmes de sécurité ont ensuite arrêté la machine.

Le texte te raconte ce qui est en train de t'arriver.

Pour réparer, tu peux aller en 39 et fabriquer une nouvelle pièce, mais cela prendra du temps.
Ou bien tu peux te diriger vers 70 et coller entre eux les morceaux cassés, ce qui est plus simple et plus rapide.

Fais ton choix en fin de chapitre et rends-toi au numéro indiqué.

BIENVENUE DANS L'AVENTURE !

Septembre 2037, États-Unis. Un équipage international de six astronautes se prépare à s'envoler pour la planète Mars. Ils ne seront pas les premiers à y poser le pied : après de longues décennies durant lesquelles on a envoyé vers Mars seulement des sondes inhabitées, des humains ont foulé le sol de la planète rouge il y a dix-huit mois. Cela a été une grande étape pour l'humanité, à l'égal de la découverte de l'Amérique par Christophe Colomb en 1492 et de la conquête de la Lune en 1969 !

En ce mois de septembre 2037, un deuxième équipage s'apprête donc à partir. Tu connais bien ces six astronautes, puisque tu es la doublure de l'un d'eux, l'Australien Paul Nash. « Doublure » signifie que, depuis deux ans, tu t'entraînes comme Paul et, lorsqu'il n'est pas disponible pour un exercice, c'est toi qui le remplaces. Tu as ainsi participé à de nombreuses simulations de vol et tu as vécu plusieurs semaines dans une réplique de la base martienne, installée dans un désert de l'Utah.

Lorsque l'équipage aura décollé, tu auras encore deux ans pour te perfectionner : toi, tu feras partie du troisième équipage du programme Mission Mars, qui partira pour la planète rouge en septembre 2039. Enfin, si tout va bien… Car, comme tu vas le découvrir dans ce livre, sur Terre comme dans l'espace, tout peut changer très vite…

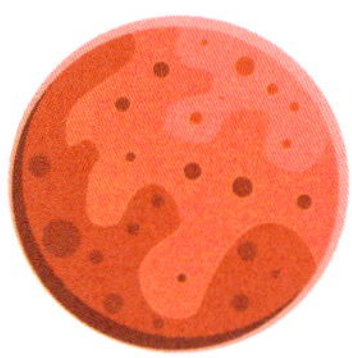

Si au cours de l'aventure tu rencontres des mots ou des noms que tu ne connais pas, n'hésite pas à consulter le glossaire qui se trouve en dernière page.

LES MEMBRES DE L'ÉQUIPAGE

James Freeman
commandant de bord
53 ans • américain

Linda Arcand
copilote
40 ans • canadienne

Antonio Nunez
géologue
45 ans • espagnol

Mei Tan
géologue
38 ans • chinoise

Markus Imbach
biologiste
32 ans • allemand

Paul Nash
spécialiste en informatique et en robotique
29 ans • australien

Générateur d'oxygène
Base de vie
Rover couvert
Serre
Rover

LA RÉPLIQUE DE LA BASE MARTIENNE

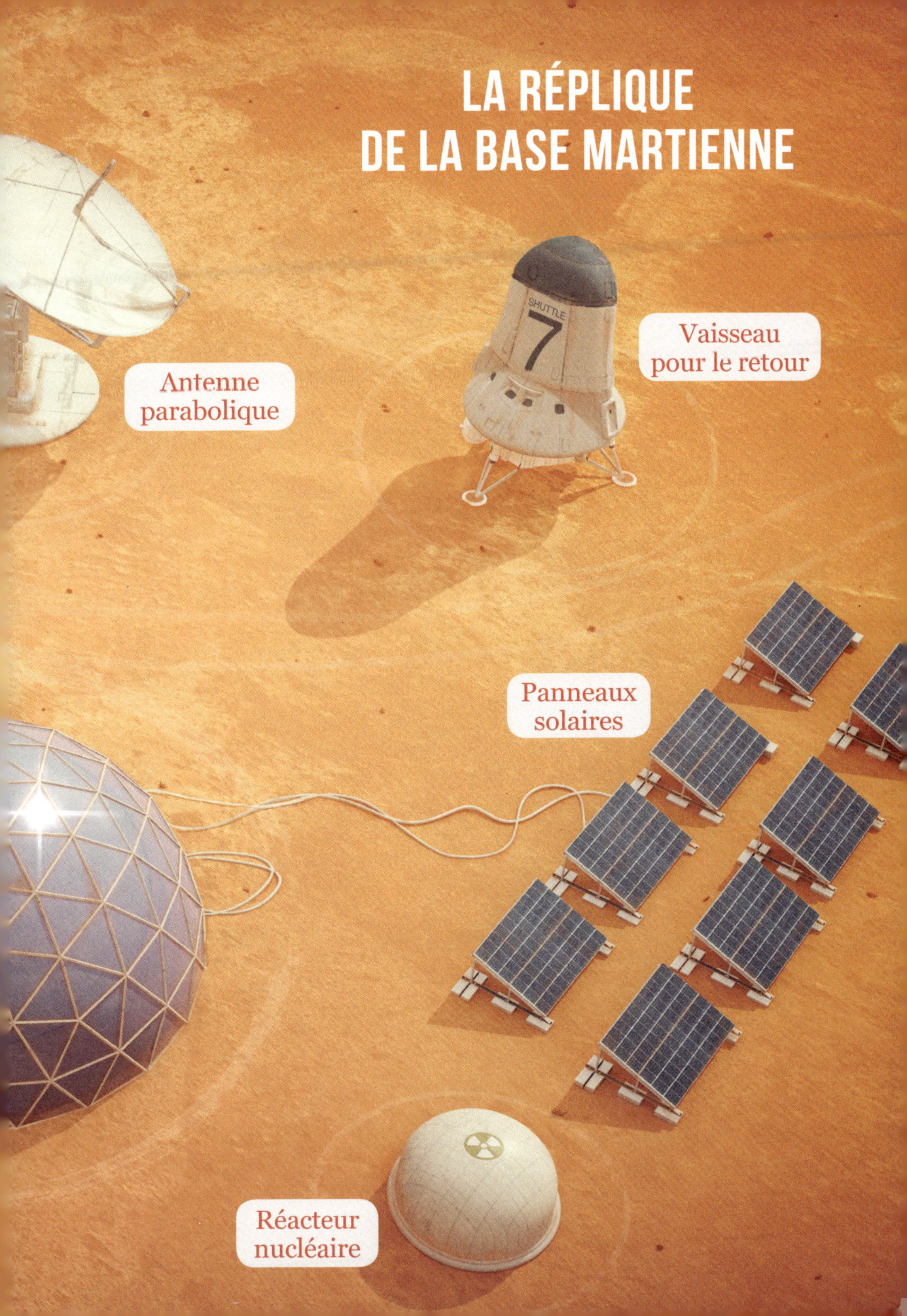

1

Pourquoi le chef des missions vers Mars t'a-t-il soudain convoqué dans son bureau ? Accoudé à sa table, il a l'air soucieux.

— Tu as appris la nouvelle ? te demande-t-il de but en blanc. Paul s'est cassé une jambe dans un stupide accident de voiture. Il ne part plus…

Paul est l'un des six astronautes qui devaient s'envoler vers Mars dans une semaine. Tu le connais bien, puisque tu es sa doublure !

— Normalement, poursuit le chef, tu devais partir pour Mars dans deux ans. Mais puisque Paul ne part plus, tu peux le remplacer dès maintenant. Te sens-tu à la hauteur ?

Quelle nouvelle ! Si tu réponds oui sans hésitation, va en **13**. Sinon, ce n'est pas grave : des dizaines d'astronautes rêvent de te remplacer. Referme ce livre et retourne à tes occupations !

2

Avant d'envisager de coloniser la planète de manière permanente, il faut connaître son histoire. On est sûr qu'il y a de l'eau sur Mars : aujourd'hui sous forme de glace, elle pourrait avoir été liquide dans le passé. Des formes de vie primitives, comme des bactéries, s'y sont-elles développées ? C'est pour tenter de le découvrir que vous avez été envoyés sur la planète rouge.

En retournant dans le rover le premier soir, tu enlèves ton scaphandre, puis tu montres à Antonio une poignée de sable dans le creux de ta main. Tu aimerais l'observer au microscope et — pourquoi pas ? — être le premier à trouver des traces de vie martienne ! Antonio te sourit :

— Même si tu trouves quelque chose dans cet échantillon, cela n'aura aucune valeur !

Bah... pourquoi donc ? Ah, oui, bien sûr, il a raison !

Si tu penses que c'est parce que tu as oublié de noter le lieu exact où tu as fait le prélèvement, va en 63.
Si c'est plutôt parce que tu as manipulé le sable sans mettre de gants, poursuis en 17.

3

Bon, on va dire que c'est une étourderie ! Si tu mets les gaz droit vers Mars, tu n'atteindras jamais la planète rouge. En effet, le temps que tu rejoignes cette position, Mars n'y sera plus : comme la Terre, elle se déplace et tourne autour du Soleil. En réalité, pour déterminer la trajectoire à suivre, il faut prendre en compte de nombreux éléments.

Pour découvrir la route que vous allez utiliser pour rejoindre Mars, rends-toi en 67.

4

— Ouverture du parachute, annonce James.

Un énorme choc vous secoue : l'atterrisseur freine brusquement. Mais l'atmosphère martienne est moins dense que celle de la Terre et un second système de freinage est indispensable.

— Allumage des rétrofusées, annonce le commandant deux minutes plus tard.

Nouveau choc. Grâce aux moteurs qui poussent dans la direction opposée à votre trajectoire, votre vitesse diminue à nouveau fortement et, surtout, l'ordinateur de bord va pouvoir diriger l'atterrisseur vers la base martienne qui vous attend en bas.

— Tous les voyants sont au vert, annonce Linda. 1 000 pieds... 800 pieds...

Ton cœur bat à cent à l'heure. 400 pieds... 200 pieds... 50 pieds… Tu sens que l'atterrisseur met un dernier coup de gaz… Ultime choc.

— Atterrissage réussi ! s'écrie le commandant.

Même si vous n'êtes pas les premiers à vous poser sur Mars, c'est une immense émotion ! Vous mettez en veille l'atterrisseur, contrôlez vos scaphandres, ouvrez le sas, puis sortez l'un après l'autre du vaisseau. Le sol poussiéreux, le paysage ocre, le ciel gris-jaune… Pas de doute : tu es sur Mars. Et cette légèreté ! La gravité est ici deux fois et demie plus faible que sur Terre : malgré ton lourd scaphandre, tu parais si léger…

Avec tes compagnons, vous marchez vers la base installée deux ans et demi plus tôt par plusieurs missions entièrement robotisées. Vous inspectez rapidement le réacteur nucléaire et les panneaux solaires qui fournissent l'électricité, les rovers qui vous permettront de partir en exploration, le vaisseau avec lequel vous redécollerez vers l'*Odysseus*.

Enfin, vous vous dirigez vers la base de survie. Il y a quelques jours, depuis l'*Odysseus*, vous avez ordonné par radio à l'ordinateur de la base de la sortir de son état de veille, de mettre le chauffage et de régler la pression en oxygène pour votre arrivée… Bienvenue dans ta nouvelle maison !

Si, pour économiser l'oxygène de ton scaphandre, tu enlèves ton casque dès que la porte du sas s'est refermée derrière vous, va en 71.
Si tu préfères attendre sagement les instructions du commandant James, continue en 62.

5

Linda et toi enfilez vos scaphandres puis sortez. Le vent est fort. Vous avancez lentement en direction de la réserve, située à une quarantaine de mètres du module d'habitation. Lorsque vous y arrivez, vous ouvrez la porte et remplissez des sacs de plats lyophilisés. La tempête redouble et la luminosité baisse encore. Il y a tant de poussière dans l'air que vous n'y voyez plus à deux mètres. Impossible de retrouver la base…

— *Qu'est-ce qu'on fait* ? demandes-tu à Linda.

— *On attend quelques instants, ça va se calmer.*

Les minutes passent, mais la tempête ne s'apaise pas.

— *Allô, la base ? Nous sommes coincés à la réserve. Visibilité nulle. Vous avez une idée ?*

— *Non*, répond James. *On réfléchit et on vous rappelle.*

Et toi, as-tu une idée ?

Si tu penses pouvoir suivre vos traces de pas jusqu'à la base, continue en **89**.

Si tu suggères à Linda d'aller en aveugle jusqu'au réacteur nucléaire tout proche, poursuis en **54**.

6

À l'approche de Mars, vous devrez freiner très fortement l'*Odysseus* pour le mettre en orbite autour de la planète rouge. Sinon, il en fera le tour puis s'en éloignera définitivement. Il existe trois méthodes de freinage :

La rétropropulsion : l'*Odysseus* possède des fusées orientées dans le sens inverse de la marche et dont la forte poussée vous permettra de ralentir. C'est efficace et précis, mais très gourmand en combustible.

L'aérocapture : on peut utiliser l'atmosphère de Mars comme un frein naturel, de la même manière que l'air freine un parachute. Cela ne consomme rien, mais c'est peu précis.

L'aérofreinage : cela combine à la fois le freinage par les rétrofusées et par l'atmosphère. C'est la technique qui a été retenue pour votre mission.

Maintenant que l'aérofreinage n'a plus de secrets pour toi, il est temps de mettre la théorie en pratique, en 53 !

7

Appeler Houston à l'aide ? Mais quelle perte de temps !

En fonction de leur position dans le système solaire, Mars et la Terre sont séparées par une distance variant de 56 millions à 400 millions de kilomètres. Or, les ondes radio voyagent à 300 000 kilomètres par seconde. Un message radio met donc entre 3 minutes et 22 minutes à faire le trajet Mars-Terre. Et la réponse de Houston mettra autant de temps à vous parvenir ! Dans un cas d'extrême urgence comme celui que vous rencontrez, inutile d'espérer une quelconque aide de la Terre : le temps qu'elle arrive, il sera déjà trop tard…

Il ne faut pas s'attarder, vous devez trouver la solution par vous-mêmes ! File vite en 28 !

8

Tu n'as pas besoin de la check-list : ouverture de la valve 5, interrupteur FL06 sur ON, vérification de la vitesse relative du module sur l'écran, modulateur LSU sur 5… Tu as tellement répété ces opérations qu'elles sont une routine pour toi. Même si ce sont le commandant et la copilote qui réalisent l'essentiel des manœuvres d'approche sous le contrôle du centre spatial, vous avez tous des opérations à effectuer. Toi, tu t'occupes de la communication avec l'ordinateur de l'*Odysseus*, pour que son système d'amarrage soit correctement activé. Interrupteur KP7 sur ON… Euh, sur OFF ! Sur ON ou sur OFF ? Un terrible trou noir. Tu ne te souviens même plus à quoi il sert… Et tu n'as plus le temps de regarder la check-list !

Que faire ? Si tu as l'impression que c'est ON, va en **66**.
Si tu décides de tenter OFF, rends-toi en **31**.
Si tu préfères demander au commandant, pars en **50**, mais tu sais déjà que ça ne va pas lui plaire…

9

Dans l'*Odysseus*, tous les indicateurs sont au vert pour entamer le grand voyage vers Mars. Sur Terre, les ordinateurs de Houston ont calculé le moment optimal pour allumer les moteurs et la meilleure trajectoire à suivre pour rejoindre la planète rouge. Et ce moment, c'est maintenant ! Le commandant James suit les instructions pour quitter l'orbite terrestre. Mais quelle trajectoire allez-vous suivre ?

Si tu penses qu'il faut chercher dans le ciel la position de Mars, puis partir dans cette direction, va en 3.

Si tu es persuadé qu'il faut au contraire chercher à s'éloigner de Mars, pars en 67.

10

Lorsque le parachute s'ouvre, tu ressens un tel choc que tu manques de t'évanouir. Mais l'atmosphère sur Mars est beaucoup moins dense que sur Terre : un parachute ne peut freiner l'atterrisseur suffisamment pour qu'il se pose en douceur sur le sol martien. Il faut compléter avec un second moyen de freinage.

— Tu dors ou quoi ? te crie le commandant. Allume les rétrofusées !

Les rétrofusées… oui, bien sûr. Tu les déclenches et ressens un second choc.

— Allumage trop tardif ! s'époumone Linda. On va beaucoup trop vite.

Le commandant met les gaz à fond, mais rien n'y fait. Engoncé dans ton scaphandre, les yeux pleins de terreur, tu n'oses pas regarder tes camarades. Vous allez vous écraser ! Au moment même où le rêve de ta vie va se réaliser, tout s'arrête.

Ta mission s'achève ici. Peut-être aurais-tu pu prendre de meilleures décisions ? Pour le savoir, retourne au premier chapitre !

11

La conquête de Mars est prévue en plusieurs étapes :

La première a débuté dans les années 1960 avec l'envoi de **sondes inhabitées** pour photographier la planète et en découvrir ses principales caractéristiques.

La deuxième, à laquelle tu participes, est le début des **explorations humaines** : la taille des équipages et des bases est encore très réduite.

Si cette étape est concluante, **une colonisation permanente** de Mars pourra débuter, avec des bases de la taille d'un village, des écoles pour les enfants, des fermes avec poules et chèvres…

Certains imaginent une dernière phase : **la terraformation**. Si l'homme parvenait à réchauffer l'atmosphère martienne et à produire de l'oxygène, Mars deviendrait habitable sans scaphandre, et la végétation pourrait s'y développer.

Mais on n'en est pas là... Avant de se tourner vers l'avenir de l'homme sur Mars, ta mission est de mieux connaître le passé de la planète rouge. Continue en 2 !

12

Un peu plus tard, tu parles à James en tête à tête : tu es plus à l'aise pour lui exposer ta requête que face à tout l'équipage. Tu lui expliques ton point de vue : tu rêves de partir en exploration et tu penses y avoir ta place. Il te répond que Mei et Antonio, les géologues, ainsi que Markus, le biologiste, sont prioritaires, car ce sont des scientifiques qui vont étudier le sol martien. Il t'assure que ton tour viendra bientôt, que tu dois être un peu patient. Tu comprends ses arguments, mais tu as du mal à accepter sa décision : tu as vraiment très envie de partir en exploration !

Tu décides d'insister encore — qui ne tente rien n'a rien ! — et poursuis en 26.
Tu reconnais qu'il a raison et que tu peux bien attendre un peu : va en 59.

13

Les derniers jours ont passé si vite… Te voilà dans la fusée, à attendre le décollage. Il fait très chaud dans ton scaphandre. Tu jettes un œil à tes compagnons : à ta droite, James, le commandant de bord, semble détendu. Linda, sa copilote, également. À ta gauche, les deux géologues de la mission, Antonio et Mei, sont là pour étudier les roches martiennes. Quant à Markus, le biologiste, il fera des expériences sur les plantes et cherchera des traces de vie. Tous les cinq travaillent ensemble depuis des années. Toi, tu viens juste de te greffer au groupe. Et comme, en plus, tu es très jeune, il va falloir que tu leur montres ce dont tu es capable…

Attention, le compte à rebours vient de commencer : 5... 4... 3... 2... 1... Mise à feu ! Le module de commande vibre de partout. La fusée décolle. Tu te sens écrasé contre ton siège, au point que tu as du mal à respirer... C'est bien pire que toutes les simulations que tu as faites ! Heureusement, après quelques minutes de vol, la pression diminue et vous pouvez enlever vos casques. Bientôt, votre module est placé en orbite autour de la Terre.

— Prêts pour l'arrimage avec l'*Odysseus* ? demande le commandant James.

L'*Odysseus* est un immense vaisseau qui vous attend en orbite terrestre. C'est à son bord que vous allez voyager vers Mars. La fusée dans laquelle tu te trouves n'est qu'un taxi pour le rejoindre. Et maintenant, il va falloir vous y arrimer.

Chacun sort la liste des opérations à effectuer pour la délicate manoeuvre.

Ces opérations, tu les connais par cœur, pour les avoir répétées des milliers de fois sur simulateur…

Si, pour montrer à tes compagnons que tu es à la hauteur de la tâche, tu décides de faire les opérations sans utiliser la liste, va en 8.

Si tu préfères tout de même la lire, va en 37.

14

— James, je dois te dire quelque chose...

— Rien de grave, j'espère...

— Non, rien de grave.

Tu lui racontes les demandes d'interviews et tu lui fais part de ta gêne : c'est surtout toi dont on parle, alors que vous faites un travail d'équipe.

— Oui, je sais tout cela, dit James.

Tu es très étonné :

— Tu le sais ?

— Bien sûr, Houston m'a prévenu.

— Et qu'est-ce que tu penses que je dois faire ?

— Tu dois accepter ta célébrité et répondre aux sollicitations ! Et je vais te dire pourquoi…

Écoute en 41 ce que le commandant a à te dire !

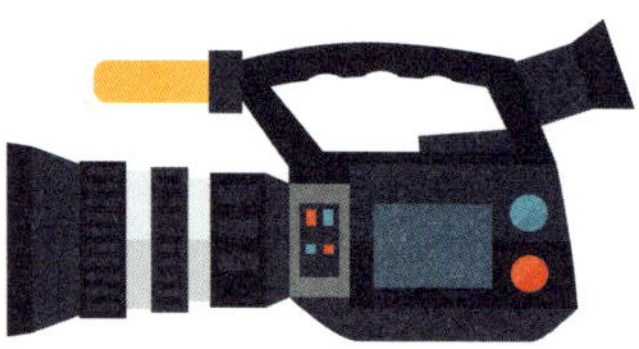

15

Vous enfilez vos combinaisons en quatrième vitesse pour vous protéger de la fumée et des gaz toxiques.

— *Attends*, s'écrie Antonio dans la radio. *J'ai un problème avec mon scaphandre. Je n'ai pas d'oxygène !*

Antonio enlève son casque pour respirer, alors que la fumée envahit l'habitacle. Vous n'aviez vraiment pas besoin de ça !

— Tu peux tenir combien de temps ? lui demandes-tu.

— Si je retiens ma respiration, deux minutes. Mais il faut faire vite !

Tu réfléchis à toute allure et penses avoir trouvé une solution pour arrêter l'incendie : dépressuriser le véhicule. Mais pendant tout le temps de l'opération, Antonio sera privé d'air. Tiendra-t-il assez longtemps ? Si ça se trouve, son problème d'oxygène est facile à résoudre…

Si tu décides de tenter la dépressurisation, va en 84.
Si tu préfères jeter un œil au scaphandre d'Antonio, continue en 30.

16

Après deux jours de repos, tu retournes dans le rover avec des circuits électriques de rechange et tu parviens à réparer les pannes. Les mois suivants, tu participes à cinq nouvelles explorations, heureusement bien plus tranquilles que la première !

Ta mission se déroule sans souci jusqu'au milieu du dixième mois. Un matin, le commandant vous réunit en urgence :

— Houston vient de m'informer qu'une tempête de poussière se dirige vers nous et atteindra la base d'ici une semaine. Pour le moment, c'est une tempête locale, mais elle grossit vite et pourrait recouvrir toute la surface de Mars. Personne ne peut nous dire si cela se produira vraiment, ni si la tempête durera une semaine ou cinq mois...

Vous vous dévisagez les uns les autres, la mine grave.

— Nous avons une décision à prendre, poursuit le commandant. Nous pouvons soit quitter la base et nous mettre à l'abri dans l'*Odysseus*, soit rester sur Mars et affronter la tempête. J'aimerais connaître votre avis…

— Si nous retournons dans l'*Odysseus*, déclare Mei, nous y serons bloqués : sans atterrisseur, nous ne pourrons pas revenir sur Mars.

— Et nous devrons attendre que Mars et la Terre soient en position idéale pour repartir, renchérit Linda. Cela signifie plusieurs mois à tourner autour de Mars sans rien à faire…

— En même temps, fait remarquer Antonio, si nous restons et si la tempête dure, nous ne serons pas plus actifs. Pas question de partir en exploration ! Nous serons coincés ici…

— Et si nous avons le moindre problème technique, ajoute Markus, nous n'aurons pas de plan B pour nous en sortir : la fusée ne pourra pas décoller en pleine tempête…

— C'est pour cela que je voulais avoir votre avis, dit le commandant. Aucune solution n'est parfaite. C'est un pari sur l'avenir…

Puis il se tourne vers toi :

— Et toi, qu'en dis-tu ? On ne t'a pas encore entendu…

Si tu penses qu'il vaut mieux se mettre à l'abri dans l'*Odysseus*, va en 81.

Si tu estimes que le risque n'est pas si grand et que vous pouvez rester dans la base, continue en 68.

17

Eh oui, tu es un vrai nid de germes ! Dans ton estomac, tes poumons ou ta salive vivent des millions de bactéries. Si tu manipules du sable avec tes mains nues, tu risques de le polluer avec tes propres microbes. Ensuite, si tu y trouves des traces de vie, comment savoir si elles viennent de Mars ou de toi ? Pour éviter toute contamination, tu dois toucher les échantillons avec du matériel stérilisé. Et tous les échantillons doivent être prélevés en deux exemplaires : l'un sera examiné sur place, pendant que l'autre sera mis dans une boîte scellée. Toute découverte faite dans le premier échantillon devra être confirmée par l'examen du second.

Et maintenant, c'est l'heure de dormir : la journée a été longue !
Va te reposer en 58.

18

Le temps que tu t'interroges sur l'opportunité de sortir maintenant, Markus se porte volontaire. Quelques instants plus tard, alors que la tempête a un peu faibli, la copilote et le biologiste partent vers la réserve. À travers le hublot de la base, vous les voyez avancer et devinez la silhouette de la réserve, quarante mètres plus loin. Mais soudain, la tempête reprend de plus belle. La réserve disparaît dans la poussière, puis vous perdez de vue vos équipiers.

— *Tu vois encore la réserve ?* demande Linda à Markus par radio.

— *Non, elle doit être droit devant mais, si on la rate, on va se perdre. On fait demi-tour ?*

— *Je ne vois plus non plus la base… Allô, la base, vous m'entendez ? On est coincés dans la tempête, à mi-chemin entre vous et la réserve. Qu'est-ce qu'on fait ?*

Que leur conseillez-vous ? Faire demi-tour vers la base, qui est grande et qu'ils ne devraient pas rater ? Va en 25.
Attendre sur place que vous trouviez une meilleure idée ? Continue en 65.

19

Alors, le générateur d'oxygène…

Sur Mars, il y a peu de ressources disponibles, mais il y en a tout de même. Le dioxyde de carbone, qui constitue l'essentiel de l'air martien, en est une : chaque molécule de ce gaz est formée d'un atome de carbone et de deux atomes d'oxygène. Vous disposez également des réserves d'hydrogène apportées depuis la Terre lors de précédentes missions automatisées. Que pouvez-vous faire avec les atomes de carbone, d'oxygène et d'hydrogène dont vous disposez ? En utilisant l'énergie électrique fournie par le réacteur nucléaire et par les panneaux solaires, vous pouvez produire des réactions chimiques qui séparent les atomes et les réassemblent différemment, pour obtenir de nouveaux éléments.

Par exemple, avec du carbone et de l'hydrogène, vous pouvez fabriquer du méthane, un gaz utilisé comme carburant dans la fusée qui vous ramènera vers l'*Odysseus*. Avec de l'hydrogène et de d'oxygène, vous pouvez obtenir de l'eau. Enfin, avec des atomes d'oxygène utilisés seuls, vous pouvez fabriquer du dioxygène, qu'on appelle communément oxygène. Ce gaz est indispensable à votre respiration, ainsi qu'à la combustion du carburant dans la fusee.

Produire sur place du méthane, de l'eau et de l'oxygène est beaucoup plus économique que s'il fallait les emporter depuis la Terre. Et lorsque de l'eau aura été trouvée sur Mars, il ne sera même plus nécessaire d'apporter les réserves d'hydrogène. Tout pourra être fabriqué à partir des ressources locales.

Si tu veux en savoir plus sur les caractéristiques de Mars, fais un petit détour par le 88.

Sinon, file en 61 : on t'attend pour réparer le générateur d'oxygène !

20

Markus n'est pas médecin mais biologiste. Avant de partir, il a suivi une intense formation médicale et peut maintenant réduire une fracture ou soigner une carie. Alors qu'il t'ausculte, tu comprends vite, au rictus sur son visage, qu'il y a un problème.

— C'est une appendicite. Heureusement, tu n'as pas laissé trop traîner, car ça peut vite dégénérer. Je prends mes instructions auprès de Houston et je t'opère ensuite.

Tu es soulagé de savoir ce que tu as, mais un peu inquiet à l'idée de l'opération chirurgicale.

Une heure plus tard, allongé sur une table d'opération improvisée, tu sens l'anesthésie qui commence à faire effet…

Tu reprends conscience doucement, allongé sur la même table.

— Tout s'est bien passé, se réjouit Markus.

— Dès que tu seras remis sur pied, tu pars en exploration ! annonce James.

Si tu le pouvais, tu crierais de joie : tu es sauvé et tu vas partir en expédition ! Repose-toi un peu puis continue en 87.

21

Pendant les premières semaines de voyage, tu aides Markus, le biologiste de l'équipe, à faire pousser des plantes. Tu en apprends un peu plus sur la géologie grâce à Mei : ces connaissances pourront t'être utiles sur Mars ! Tu joues aux échecs contre Linda : un adversaire humain, c'est plus amusant qu'un ordinateur. Tu as désormais l'impression de faire un peu plus partie de l'équipage.

Ça, c'est pour le positif. Mais il y a aussi du négatif : depuis quelques jours, tu sens que tu t'affaiblis. Pourquoi ? Markus, qui tient le rôle du médecin de bord, t'explique que tu as négligé de faire du sport ! Heureusement, tu lui en as parlé rapidement et il n'est pas trop tard pour te remuscler. Pendant un long voyage, il ne faut pas hésiter à parler de ses soucis de santé : un petit problème peut vite devenir gros !

Fonce dans la salle de sport, qui se trouve en 36 !

22

Les boussoles et les GPS ne fonctionnant pas sur Mars, c'est la carte que tu vas devoir utiliser pour te diriger. La carte et… tes yeux !

— Tu vois le volcan derrière notre site d'exploration ? te demande Antonio en indiquant un point sur la carte.

— Oui, je le vois.

Antonio te montre alors, à travers le pare-brise du rover, une immense montagne.

— Eh bien, c'est la montagne que tu vois là-bas, la plus haute de toutes. Si tu te diriges toujours vers elle, nous irons dans la bonne direction !

— OK, compris.

C'est parti ! Tu démarres et roules prudemment, en faisant attention d'éviter les ornières et les gros rochers sur le sol. Après les longues semaines pendant lesquelles tu as été cantonné à la base, tu es ravi de voir de nouveaux paysages…

Vous roulez ainsi pendant une trentaine de kilomètres, puis Antonio te demande de t'arrêter : vous êtes arrivés. Pour des raisons de sécurité, trente kilomètres est l'éloignement maximal autorisé pour les explorations : si vous rencontrez un problème avec le rover, vous pourrez rentrer à la base en marchant pendant une dizaine d'heures, la durée de l'autonomie des scaphandres.

Avec Antonio, vous enfilez les combinaisons et sortez du véhicule. Tu aides le géologue à préparer le matériel de forage, les sondes, les instruments de mesure.

Mine de rien, pendant les cinq jours qui viennent, vous allez avoir beaucoup de pain sur la planche ! Ce travail est d'ailleurs l'un des principaux objectifs des missions habitées sur Mars. Mais au fait, quel est cet objectif ?

Si tu penses qu'il s'agit de mieux connaître le passé de la planète et notamment de découvrir s'il y a eu un jour de la vie sur Mars, rendez-vous en 2.
S'il te semble que c'est pour déterminer le site idéal sur lequel construire une future grande cité martienne, file en 11.

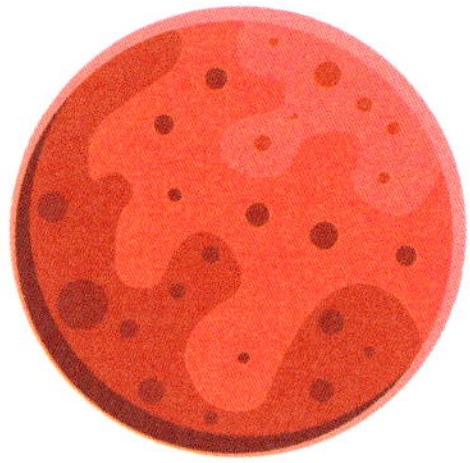

23

Après une demi-heure de repos, alors que le Soleil s'est couché, tu aperçois les lumières de la base. Sauvé ! Tu marches dans cette direction, mais le froid qui te paralyse les jambes t'empêche d'avancer : la nuit sur Mars, la température chute rapidement à – 70 °C à l'équateur et à – 150 °C aux pôles ! Ta combinaison ne suffit pas à te maintenir au chaud. Tu appelles plusieurs fois la base avec la radio de ton scaphandre, sans réponse : tu en es encore trop loin. Tu te sens si fatigué ! Tu t'en veux de t'être arrêté tout à l'heure : une précieuse demi-heure de perdue ! Tu t'assieds un instant pour te reposer. Tes membres sont complètement engourdis. Tu penses à la Terre, aux pulls chauds que te tricotait ta grand-mère. Tu n'as plus la force de te relever. Tu vas rester assis ici et, demain, tes compagnons te retrouveront là, dur comme un glaçon...

Ta mission s'achève ici. Peut-être aurais-tu pu prendre de meilleures décisions ? Pour le savoir, retourne au premier chapitre !

24

Les rayons cosmiques sont des ondes et des particules de haute énergie produites par le Soleil. Comme les rayons X ou les rayons produits dans les centrales nucléaires, ils sont très dangereux pour la santé et peuvent provoquer des cancers lorsqu'ils sont absorbés à trop forte dose. Sur Terre, nous en sommes protégés par deux boucliers naturels très efficaces : le champ magnétique et l'atmosphère terrestre. Sur Mars, où il n'y a pas de champ magnétique et où l'atmosphère est ténue, les rayons ne sont pas arrêtés. Il faut donc s'en protéger. Heureusement, l'eau les stoppe naturellement. C'est la raison pour laquelle la citerne a été placée au-dessus de vos têtes. Dans la base, vous êtes en sécurité !

Allez, tu as eu assez d'émotions et d'informations pour cette première journée sur le sol martien ! Au lit ! Ta couchette se trouve en 86.

25

— *OK*, lance Linda, on tente de retourner à la base.

Linda et Markus font demi-tour. Ils marchent à petits pas dans un nuage de poussière épais comme du coton. Vous entendez leur souffle court dans la radio.

— *Tu penses que c'est par là ?* demande Markus. *Je dirais un peu plus à gauche.*

— *Tu crois ?*

— *Je ne sais pas.*

— *Allô, la base ?*

— Je t'écoute, Linda.

— *Il est impossible de savoir où on va. On va se perdre. On ne bouge plus. Avez-vous une idée pour nous aider ?*

Vite, on compte sur toi en 65 pour aider Linda et Markus !

26

Ça a fini par payer ! Après être revenu à la charge pendant plusieurs jours, tu vas enfin réaliser ton rêve : ce matin, le commandant James t'annonce que tu pars en exploration. Il te fait bien sentir que c'est une fleur pour les services rendus dans l'*Odysseus*. Et qu'il n'y en aura pas d'autre, de fleur : pas question d'en faire un bouquet ! En fait, James sait que l'un des plus grands dangers, lorsqu'un petit groupe vit aussi longtemps en vase clos, ce sont les tensions qui peuvent apparaître entre des personnes, par exemple à cause de frustrations qui grandissent. Voilà sans doute pourquoi il a cédé…

Mais qu'importent ses raisons : ton tour est enfin venu de partir en exploration ! Va vite en 87 : les rovers t'attendent.

27

La capsule s'arrime parfaitement à l'*Odysseus*. Vous enclenchez l'ouverture du sas et vous vous détachez. Quel bonheur de pouvoir enfin vous dégourdir les jambes ! Mais... eh oui, il n'y a pas de gravité dans l'espace : tu flottes dans l'air ! Même si tu l'as déjà expérimentée plusieurs fois dans des avions zéro-G, la sensation est toujours aussi étrange. Tu pénètres donc dans l'*Odysseus* en volant. Les différents éléments de cette station spatiale géante ont été envoyés dans l'espace puis assemblés lors de précédentes missions. C'est ici que tu vas vivre les huit prochains mois, le temps du voyage jusqu'à Mars.

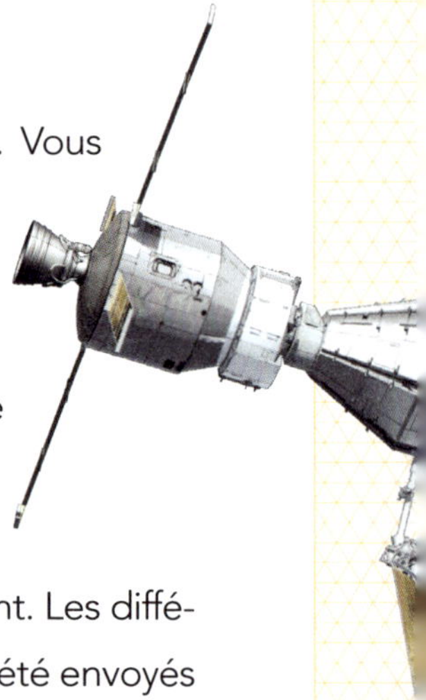

Souhaites-tu te familiariser avec l'*Odysseus* ?

Si tu veux en savoir
plus sur la « cage
à écureuil », va en 72.

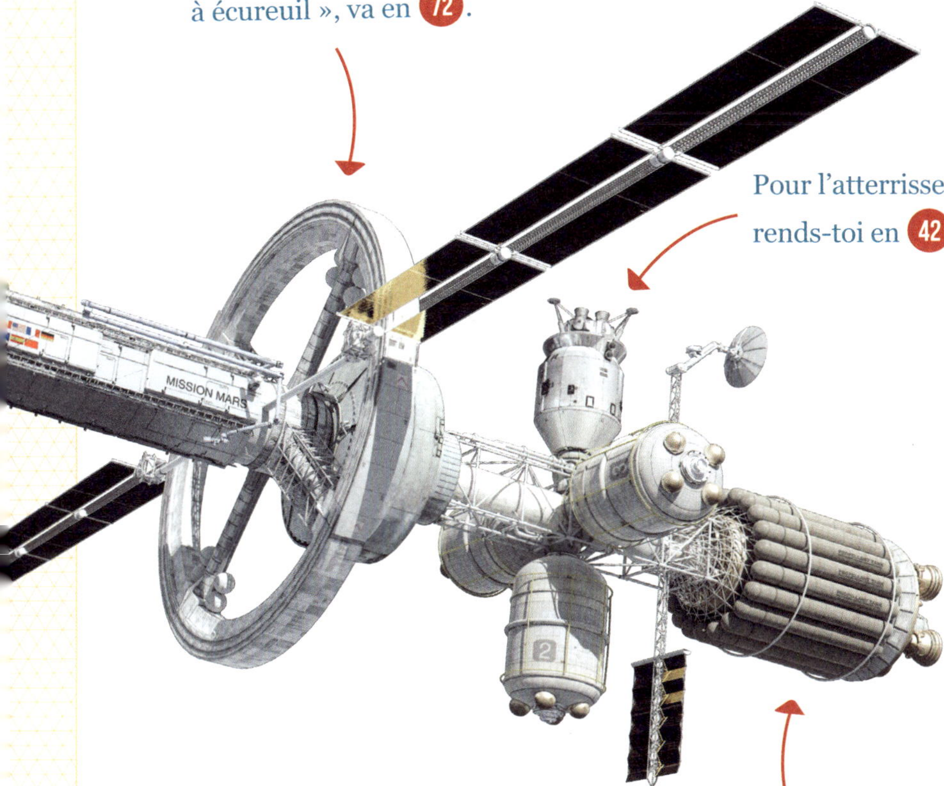

Pour l'atterrisseur,
rends-toi en 42.

Pour les modules
techniques, en 32.

Et si tu es pressé de mettre les gaz vers Mars, va directement en 9.

28

Le commandant et Linda vérifient tous les paramètres, à la recherche du problème.

— Ce sont les panneaux solaires ! s'exclame soudain Linda.

Grâce à leur grande surface, ils doivent participer au freinage, un peu comme les ailes d'un avion. Mais, pour cela, il faut que leur orientation offre la plus grande surface de frottement.

— Ils sont mal orientés ! confirme James. Tu peux faire quelque chose ?

— Non, les commandes ne répondent pas, constate la copilote d'un air sombre.

— Bon sang ! Si c'est un problème mécanique, c'est foutu. On a encore le temps de voir avec Hal ? demande le commandant.

— Je vais voir ! réponds-tu sans réfléchir.

Si tu sautes sur la radio pour appeler l'ingénieur qui a conçu les panneaux solaires, va en 52.

Si tu te diriges vers l'ordinateur de bord, poursuis en 75.

Et si tu files résoudre le problème dans les modules techniques, continue en 46 !

29

Le lendemain, lorsque tu te réveilles, la douleur n'est pas passée, bien au contraire. Toute la journée, alors que tu prépares ton exploration en compagnie d'Antonio, le géologue, elle ne fait qu'augmenter.

— Ça ne va pas ? te demande-t-il à plusieurs reprises.

— Si, si, tout va bien, réponds-tu en essayant de ne rien montrer.

Tu ne comprends pas ce qui t'arrive. Est-ce parce que tu n'es pas allé aux toilettes depuis trois jours ? Est-ce la peur de partir en exploration loin de la base ? Parfois, une inquiétude peut se transformer en mal de ventre… Et si tu en parles, le commandant James ne va-t-il pas te remplacer par Linda pour la prochaine expédition ? Cela fait si longtemps que tu attends…

Le soir, tu hésites beaucoup. Si, finalement, tu choisis de tout dire à Markus, rends-toi en 20.

Si tu décides de reporter ta décision au lendemain matin — la douleur disparaîtra peut-être dans la nuit —, continue en 38.

30

Tu examines le système d'oxygène installé dans le dos de la combinaison de ton compagnon, en vain. Quel est le problème avec ce foutu scaphandre ? Tu entends Antonio qui tousse : contrairement à toi, qui respires l'air de ton scaphandre, il n'a pas son casque et inhale les gaz de l'habitacle. Il faut faire vite !

— Je ne trouve pas, lui cries-tu. Respire un grand coup et on tente la dépressurisation !

Mais il tousse de plus en plus. Il ne pourra jamais tenir deux minutes !

— OK, on y va ! acquiesce-t-il tout de même, en plaçant son casque sur sa tête.

Tu lances une dépressurisation express : tout l'air du véhicule est évacué à l'extérieur. Or, sans oxygène, aucun feu ne peut brûler. L'incendie s'éteint de lui-même et tu entames aussitôt la repressurisation de l'engin. L'opération te semble si lente…

— Tu tiens le coup ? demandes-tu à Antonio.

Pas de réponse. Après un temps qui te paraît infini, l'ordinateur indique que la pression est à nouveau correcte. Antonio ne bouge pas : tu te jettes sur lui pour enlever son casque et prendre son pouls. Rien. Tu l'allonges sur le sol et commences un massage cardiaque et un bouche-à-bouche. Allez !... Allez !... Allez ! Après une minute, miracle ! Le pouls revient : Antonio respire à nouveau tout seul mais reste évanoui. Tu sautes sur la radio pour demander de l'aide à Markus, mais le feu l'a endommagée. Le rover fonctionne-t-il toujours ? Oui ! Tu démarres et roules à toute allure vers la base. Le chemin est facile à trouver : il suffit de suivre les traces laissées à l'aller. Couché sur la banquette, Antonio respire, inconscient. Va-t-il survivre ?

Après une heure de piste, la base est en vue. Tes compagnons, te voyant revenir si vite, comprennent tout de suite qu'il y a un problème. Ils entrent dans le rover et Markus ausculte Antonio.

— Ce doit être l'inhalation des gaz. Mettez-lui un scaphandre qui fonctionne et transportez-le dans la base ! Pendant ce temps, je vais contacter Houston…

Grâce à Markus, Antonio sortira de son coma quelques heures plus tard. Mais c'est toi qui, par tes gestes de premiers secours, lui as sauvé la vie !

Pour te remettre de tes émotions, va en 16 !

31

La gorge sèche, tu t'apprêtes à placer l'interrupteur sur OFF. Fais-tu le bon choix ? Tu aurais dû prendre la check-list : si la procédure exige qu'on la suive, c'est justement pour éviter ce genre de situation. Tu as voulu jouer au plus malin, et tu vas faire prendre un risque à tout l'équipage. Mais il est trop tard pour penser à ça, maintenant. Tu retiens ton souffle, places l'interrupteur sur OFF et… ouf ! les bons voyants s'allument. C'était ça. Tu en es quitte pour une bonne leçon à peu de frais !

Tu t'empares immédiatement de la check-list et, grâce à elle, tu suis la procédure d'arrimage à l'*Odysseus* jusqu'en 27.

32

Au total, ton voyage aller-retour vers Mars va durer trois ans. Évidemment, sur le chemin, il n'y aura aucune station-service : impossible de s'arrêter pour prendre du carburant ou refaire les réserves en nourriture, en oxygène ou en eau ! Vous devez donc emporter tout ce dont vous aurez besoin. Heureusement, différents systèmes permettent de recycler l'humidité de l'air ou l'eau des urines, filtrer l'air pour enlever le dioxyde de carbone, maintenir une température agréable... Ils sont logés dans les modules techniques.

Si tu n'es pas encore allé dans la cage à écureuil, tu peux t'y rendre en 72. Et pour l'atterrisseur, c'est en 42.

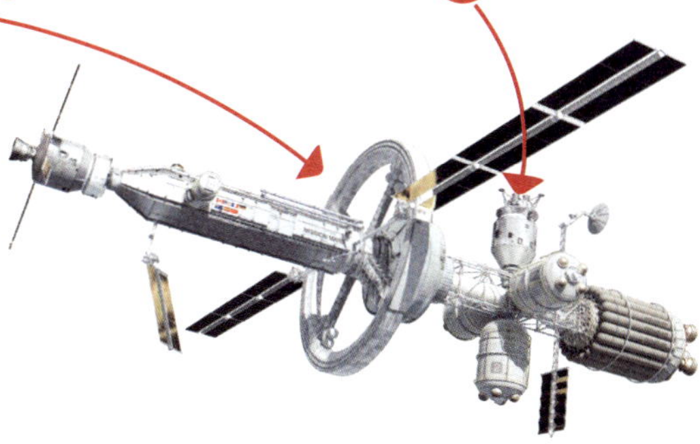

Si tu préfères partir directement pour Mars, c'est en 9.

33

Tu effectues la mise en veille totale des rovers puis, deux jours martiens plus tard — deux sols, comme dit Houston — la tempête enveloppe la base. Vous entendez le vent souffler lugubrement et, à travers les hublots, vous ne voyez plus qu'un voile orangé. Les panneaux solaires, couverts de poussière et privés de soleil, ne produisent plus assez d'électricité. Pour économiser le réacteur nucléaire, vous réduisez au maximum la consommation de la base : lumières, chauffage… Avez-vous bien fait de rester ? De toute façon, il est trop tard pour changer d'avis.

Après trois semaines de tempête, vos provisions de nourriture sont presque réduites à néant.

— Un volontaire pour m'accompagner à la réserve ? demande alors Linda.

Si tu lèves la main sans même réfléchir, va en 5.

Tu te demandes plutôt si c'est le meilleur moment pour sortir : rends-toi en 18.

34

Étape suivante : se poser sur Mars. Tes compagnons et toi prenez place dans l'atterrisseur, qui se détache de l'*Odysseus* et entame sa descente vers la planète rouge. L'*Odysseus*, lui, restera sur son orbite autour de Mars. Enfermé dans ton scaphandre, plaqué dans ton baquet, tu sens les vibrations de l'engin. À mesure que vous approchez du sol, l'atmosphère martienne devient plus dense. Les frottements de l'air surchauffent le bouclier thermique jusqu'à 2 000 °C. Pourvu qu'il tienne bon ! À dix kilomètres du sol, votre vitesse est de deux fois celle du son. Pour ne pas vous écraser, il va falloir freiner. Comment allez-vous vous y prendre ?

Si vous utilisez un parachute, rends-toi en 10.
Si vous allumez les moteurs pour une rétropropulsion, va en 60.
Et en 4 si vous employez à la fois un parachute et les moteurs.

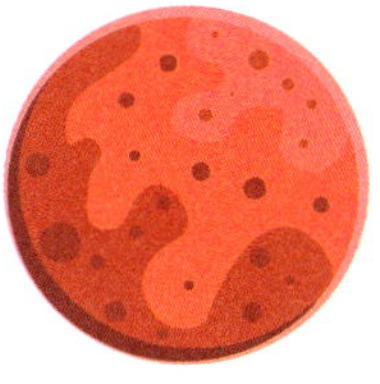

35

Le soir, tes compagnons t'ont préparé un dîner d'anniversaire !

En général, sur Mars, les repas sont plutôt monotones. Avant le départ, des nutritionnistes ont calculé tout ce dont vous auriez besoin — quantité quotidienne de vitamines, protéines, glucides… — pour rester en bonne santé. Vous avez emporté l'essentiel des repas sous forme de plats déshydratés, qui reprennent un aspect mangeable quand on ajoute de l'eau. Heureusement, vous faites aussi pousser des légumes dans la serre. Quel bonheur de croquer dans une carotte ou un poivron frais !

Ce soir, au menu, tu as du bœuf bourguignon en sachet, avec de véritables pommes de terre du potager. Et, pour le dessert, tes compagnons se sont amusés à te faire un véritable gâteau. Avec quoi ? Une imprimante 3D ! Elle ressemble un peu à celle qui t'a permis de fabriquer la pièce de rechange, à la différence qu'elle ne projette pas du plastique mais des poudres alimentaires, sucrées ou salées, sur une plaque chauffante. Et cela donne une espèce de pizza, de quiche ou de gâteau d'anniversaire. Bien sûr, ce n'est pas aussi bon que sur Terre, mais, sur Mars, il ne faut pas demander la Lune !

À la fin du repas, le commandant James t'offre le plus beau cadeau que tu aurais pu espérer : tu vas partir en exploration ! Depuis le temps que tu attends ce moment ! Tu rayonnes de joie et, en même temps, tu grimaces un peu. Tu as soudain mal au ventre. Aurais-tu trop mangé ? Est-ce le gâteau qui ne passe pas ? En tout cas, ce ne peut pas être une gastro-entérite : les microbes responsables de cette maladie n'existent pas sur Mars.

Après le repas, si tu t'inquiètes de savoir ce que tu as, tu peux aller en 20 et en parler à Markus.
Si tu préfères attendre le lendemain pour ne pas compromettre ton départ en exploration, va en 29.

36

Eh oui, faire du sport à bord d'un vaisseau spatial est essentiel pour rester en bonne santé ! La gravité artificielle à l'intérieur de la cage à écureuil n'est pas aussi forte que la gravité naturelle sur Terre. Du coup, tu as besoin de moins de force pour tenir debout, et tes muscles finissent par fondre. Pour conserver une bonne musculature, tu dois faire plusieurs heures par jour de vélo d'appartement, de rameur ou de banc de musculation. Grâce au sport et à tes autres activités, tu restes en forme et tu remplis tes journées.

Les semaines et les mois s'écoulent lentement quand, enfin, tu aperçois Mars dans le hublot... Ce sera bientôt l'heure des manœuvres d'aérofreinage pour placer l'*Odysseus* en orbite autour de Mars.

Si tu veux te rafraîchir la mémoire sur l'aérofreinage, va en 6.
Si tu n'en as pas besoin, rends-toi directement en 53.

37

Tu as bien raison de prendre la check-list : l'arrimage est une opération complexe et tu n'as pas le droit à l'improvisation. Même en ayant répété l'opération des milliers de fois en simulateur, un trou de mémoire est si vite arrivé ! Ouverture de la valve 5, interrupteur FL06 sur ON, vérification de la vitesse relative du module sur l'écran… Pendant que le commandant James, assisté par Linda, guide le module, tu communiques avec l'ordinateur de l'*Odysseus* pour vérifier que le système d'arrimage est correctement activé. Modulateur LSU sur 5, interrupteur KP7 sur OFF… Pour le moment, tout se déroule parfaitement. À travers le hublot du module, tu aperçois la carcasse géante de l'*Odysseus* qui grossit, grossit…

Plus que quelques secondes avant l'arrimage, qui aura lieu en 27.

38

Dans la nuit, tu te tords de douleur et vomis le peu que tu avais mangé. Impossible de tenir plus longtemps ! Tu réveilles Markus et lui expliques dans un souffle ce qui se passe. Markus n'est pas médecin : il est biologiste de formation. Mais, avant le départ, il a suivi une formation médicale et sait extraire une dent ou poser un plâtre.

Il te demande de t'allonger sur ta couchette et t'ausculte rapidement. Son diagnostic tombe comme un couperet :

— Appendicite aiguë. Je dois t'opérer en urgence.

— Tu sais… le faire ? gémis-tu.

— Ne t'inquiète pas, je vais y arriver. Reste ici : je réveille tout le monde. Je vais avoir besoin d'aide.

Quelques minutes plus tard, Antonio et Linda préparent l'anesthésie pendant que James et Mei sortent le matériel de chirurgie. Markus, lui, regarde un tutoriel sur sa tablette. Si tu n'avais pas si mal, ce serait presque drôle : « Spécial tuto : opère ton compagnon de voyage au couteau de cuisine ! » Markus revient, te place un masque sur le visage et te demande de respirer longuement. Tu sens que tu te détends… tout devient flou autour de toi… tu t'endors…

Lorsque tu rouvres doucement les yeux, tu aperçois Markus assis sur une chaise à côté de toi. Tu veux lui parler, mais tu n'y arrives pas.

— L'opération s'est bien passée, te dit-il pour te rassurer. Mais tu nous as prévenus très tard. Selon Houston, tu fais une péritonite.

— Une… quoi ?

— Une péritonite. C'est une infection du système digestif. Je t'ai fait une perfusion d'antibiotiques pour t'aider à la combattre.

Les jours suivants, tu souffres de plus en plus. Les antibiotiques n'agissent pas et, malheureusement, vous ne disposez pas de ceux qu'il te faudrait. Ton infection empire à grande vitesse... Avant vous, une autre mission s'était posée sur Mars, mais personne n'y avait perdu la vie… C'est triste, mais tu vas être le premier humain enterré ailleurs que sur Terre. Un volcan martien ou une vallée portera sans doute un jour ton nom. Piètre consolation…

Ta mission s'achève ici. Peut-être aurais-tu pu prendre de meilleures décisions ? Pour le savoir, retourne au premier chapitre !

39

Pour fabriquer une pièce de rechange, tu commences par transmettre les références à Houston. Bien sûr, ils ne vont pas t'en envoyer une nouvelle par la poste ! Trois heures plus tard, tu reçois ce que tu attendais : un fichier informatique contenant la modélisation en trois dimensions de la pièce. Tu entres ces informations dans l'imprimante 3D de la base : elle ne projette pas de l'encre sur une feuille de papier, mais du plastique. Couche après couche, elle fabrique la pièce demandée. Et voilà, une nouvelle pièce toute neuve ! Tu n'as plus qu'à limer les irrégularités, à vérifier ses dimensions et sa solidité, puis à retourner la mettre dans le générateur. Et c'est reparti !

Mission accomplie : tu peux maintenant finir de lire tes mails d'anniversaire dans ta couchette, en 35 !

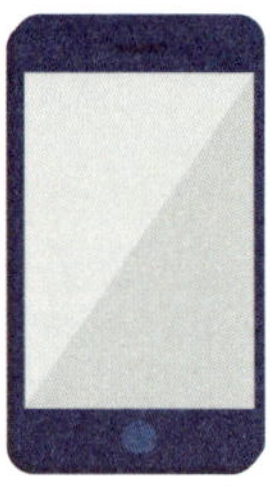

40

Le câble électrique qui alimente la base est de couleur bleue : Linda et toi vous agenouillez pour le suivre. Dans une ambiance de fin du monde, enveloppés par un nuage de poussière à couper au couteau, vous suivez ce fil d'Ariane qui doit vous conduire jusqu'à votre survie. Après une quarantaine de mètres d'inquiétude, vous voyez enfin apparaître la silhouette de la base.

— *On arrive dans une minute*, lance Linda au commandant James. *Préparez-vous à nous ouvrir !*

Quelques instants plus tard, vous pénétrez dans le sas et retrouvez l'ambiance rassurante de la base. Quel bonheur ! Et en plus vous avez rapporté les victuailles.

Allez vite fêter cela en 55 !

41

— Comme tu le sais, t'explique le commandant James, le programme martien a coûté très cher. Il n'existe que parce que plusieurs pays de différents continents — États-Unis, Europe ou encore Chine — ont mis en commun de l'argent et des avancées scientifiques et technologiques. Sans oublier le soutien des entreprises privées. Grâce à l'union de toutes ces forces, des missions inhabitées ont pu être lancées, puis des hommes ont posé le pied sur Mars. Pour le moment, ces missions passionnent les Terriens, mais pour combien de temps encore ? Souviens-toi de ce qui s'est passé avec la Lune ! Lors des premières missions, l'humanité tout entière avait les yeux tournés vers la Lune. Et puis, au fil des mois, les missions Apollo n'ont plus intéressé personne. Se poser sur la Lune était presque devenu une routine... Et comme le programme coûtait très cher, les États-Unis y ont mis un terme en 1972, après seulement six alunissages.

Pour que les missions vers Mars perdurent, nous devons faire rêver les Terriens. Nous devons le faire par nos découvertes scientifiques — vivement qu'on trouve des traces de vie sur Mars ! —, mais aussi en leur racontant nos exploits. Et ton aventure, toi, si jeune, qui ne devais même pas participer à la mission, mais qui as permis de la sauver à plusieurs reprises, est magnifique. Alors tu dois absolument répondre aux interviews ! Bien sûr, tout ce que tu diras passera par Houston, qui vérifiera que tu ne donnes pas d'informations confidentielles. Mais tu dois le faire ! Et je peux même alléger ton programme de travail pour que tu aies plus de temps. Qu'en penses-tu ? Aurais-tu des idées pour partager ta vie sur Mars avec les Terriens ?

Tu réfléchis à ce que tu pourrais faire... Si tu penses mettre en ligne un blog, va en 76.
Si tu préfères filmer un maximum de choses pour en faire un documentaire, poursuis en 43.

42

L'*Odysseus* est bien trop lourd pour se poser sur Mars. Lorsque vous approcherez de votre but, vous placerez le vaisseau en orbite autour de la planète Mars. Tes compagnons et toi prendrez alors place dans l'atterrisseur. Il se détachera de l'*Odysseus*, descendra vers le sol martien et s'y posera. Si tout se passe comme prévu, bien sûr ! Pendant toute votre mission sur Mars, l'*Odysseus* tournera autour de Mars, en attendant votre retour.

Si tu n'as pas encore découvert les modules techniques, va en 32, et en 72 pour la cage à écureuil.

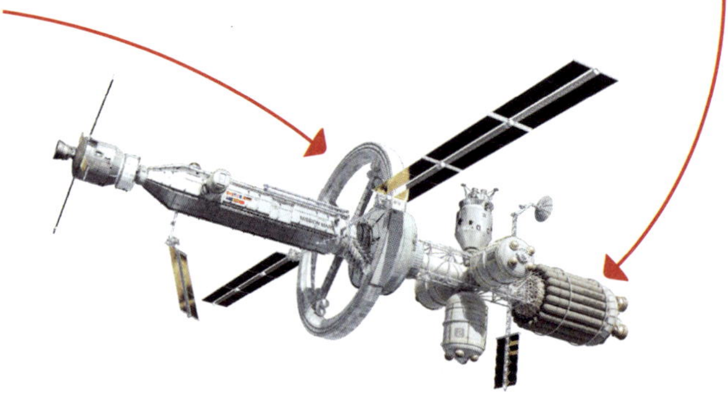

Pour partir tout de suite vers Mars, file en 9.

43

En plus des interviews auxquelles tu réponds, tu filmes tout ! Ta couchette, la base, les camarades, les paysages martiens, les explorations... Tu envoies les minutes les plus spectaculaires à Houston et tu conserves des dizaines d'heures d'enregistrement pour en faire un documentaire, une fois de retour sur Terre. D'ailleurs, tu ne vas pas avoir à attendre très longtemps : après quinze mois sur Mars, l'heure est venue de regagner l'*Odysseus*.

Vous chargez des dizaines de kilogrammes d'échantillons de roches martiennes dans le module, puis y prenez place. Pendant la procédure de décollage, tu as un petit pincement au cœur : tu quittes pour toujours cette planète sur laquelle tu as vécu tant d'aventures...

5... 4... 3... 2... 1... décollage pour la fin de la mission, en 91 !

44

Ça y est, vous êtes en route vers Mars. Quelle drôle d'impression de ne plus voir la Terre à travers les hublots ! Désormais, vous êtes seuls : s'il vous arrive quelque chose, Houston pourra bien sûr vous donner des conseils à distance, mais vous devrez résoudre le problème avec les moyens du bord. Heureusement, pour le moment, tout va bien. Ton plus gros souci est de tuer le temps : dormir, manger, contrôler le bon fonctionnement du vaisseau, lire des livres sur ta tablette, regarder des films et envoyer des mails à tes proches ne suffit pas à remplir vingt-quatre heures. Il te faut trouver d'autres occupations. Que décides-tu de faire ?

Si tu choisis d'approfondir tes connaissances techniques, va en 83.
Si tu préfères te rendre utile et donner des coups de main à tes compagnons pour mieux t'intégrer à l'équipage, pars en 21.
Si tu décides de tuer le temps en faisant du sport, va en 36.

45

Tu ne réponds pas aux demandes d'interviews, malgré les relances de plusieurs médias.

Un jour, le commandant James demande à te parler.

— Il paraît que tu es une vraie célébrité sur Terre ! lance-t-il, amusé. Les journaux et les télévisions du monde entier te demandent…

— Oui, il paraît. Mais je n'ai rien fait pour cela et je ne veux pas perdre mon temps à leur répondre. Mon travail sur Mars est de m'occuper de la base, de participer aux explorations et...

— Grosse erreur ! te coupe alors James.

— Pardon ? t'étrangles-tu.

— Oui, à l'avenir, il va falloir que tu consacres un peu de temps à répondre aux journalistes. Et tu sais pourquoi ?

File en 41 écouter les raisons de ton chef !

46

Tu quittes la cage à écureuil et, en apesanteur, flottes jusqu'aux modules techniques, où se trouvent plusieurs systèmes régulant la vie à bord : le taux d'oxygène dans l'air, le filtrage de l'humidité et du dioxyde de carbone... Il y a aussi la pile atomique qui produit une part de l'électricité nécessaire au fonctionnement de l'*Odysseus*. Le reste est fourni par les panneaux solaires. Les moteurs qui orientent ces derniers sont accessibles depuis l'extérieur du vaisseau. Mais tu n'as pas le temps d'enfiler un scaphandre pour aller les examiner. Et si le problème vient d'un bug informatique, c'est l'ordinateur central qu'il faut inspecter... L'ordinateur central ! Pourquoi ne pas avoir commencé par là ?

Le cœur battant, tu retournes aussi vite que possible dans la salle des commandes, où tu auras accès à l'ordinateur. Quand tu y arrives, le commandant et Linda sont en grande discussion.

— Toujours aucun ralentissement ?

— Non, les panneaux sont bloqués...

— Alors je remets les gaz !

— On annule la mission ?

— Si on remet les gaz maintenant, on reprendra assez de vitesse pour revenir vivants sur Terre... Si on ne le fait pas, on n'arrivera ni à se poser sur Mars ni à retourner sur la Terre.

Tu as envie de leur crier : « Attendez, je vais jeter un œil à l'ordinateur central, ça vient peut-être de là ! » mais il est déjà trop tard. Il fallait le faire au moment où le problème a été découvert ! Tu as l'impression de ne pas avoir été à la hauteur. Peut-être n'étais-tu pas prêt pour une telle mission… À travers le hublot, tu regardes avec amertume le sol rouge de la planète Mars : jamais tu ne le fouleras…

Mais au moins, tu retourneras sur Terre en vie.

Ta mission s'achève ici. Peut-être aurais-tu pu prendre de meilleures décisions ? Pour le savoir, retourne au premier chapitre !

47

Couper le circuit électrique qui a pris feu ? Mais lequel est-ce ? Tu te précipites sur l'ordinateur de bord à la recherche d'informations. Il indique plusieurs problèmes, notamment du côté des commandes du rover. Tu peux priver ces circuits d'électricité, mais cela ne servira à rien : le feu a déjà pris et cela ne l'éteindra pas… Non, il faut trouver une autre solution pour éteindre l'incendie. Et vite !

Si tu te précipites sur l'extincteur, va en 90.

Si vous choisissez d'enfiler vos scaphandres, prenez-les en 15.

48

Le commandant te regarde avec de grands yeux étonnés.

— Tu n'as pas le temps pour mettre les rovers en veille totale ? Mais cela ne prend que trois heures et la tempête n'arrivera pas avant deux sols…

Il a raison ! Où avais-tu la tête ? Avec vos compagnons, vous parlez entre vous de « jour » pour désigner une journée sur Mars, mais le terme universellement utilisé, notamment par Houston, est « sol », afin de distinguer journée terrestre et journée martienne, qui n'ont pas exactement la même durée. Tu as donc largement le temps de faire la mise en veille totale !

Va vite en 33 !

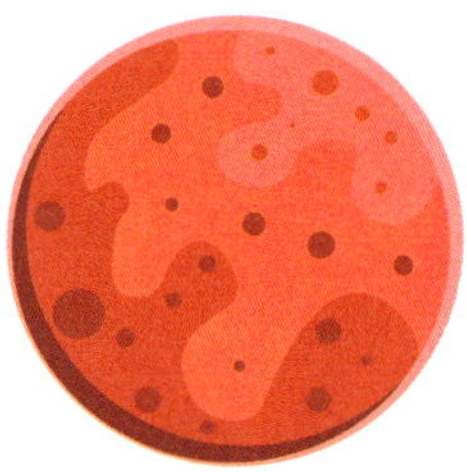

49

Sur Terre, le GPS (Global Positioning System) est un système électronique qui permet de connaître très facilement sa position. Pour cela, il capte les signaux envoyés par plusieurs satellites placés en orbite autour de la Terre, puis calcule la position par une méthode dite de triangulation. Sur Mars, les GPS ne fonctionnent pas, car aucun satellite de positionnement n'y a été mis en orbite. Pour s'orienter, il faut trouver une autre méthode, mais laquelle ?

Si tu te diriges grâce à ta carte, continue en 22.
Si tu privilégies la boussole, poursuis en 73.

50

Le commandant James est absorbé dans le guidage du module. Tu préfères ne pas le déranger et demander conseil à Linda, la copilote : elle connaît aussi la réponse.

— Euh… Linda… L'interrupteur KP7, je le mets sur ON ou sur OFF ?

Concentrée sur sa tâche, elle met une seconde à réagir :

— Le KP7 ? Sur OFF. Mais où est ta check-list ?

Tu mets l'interrupteur sur OFF. Tu te sens très mal : tu as voulu montrer à tes coéquipiers que tu étais à la hauteur, et c'est l'inverse qui vient de se produire. La règle, c'est de vérifier en se servant de la check-list, pas de fouiller dans ses souvenirs !

Peu fier de toi, tu poursuis l'opération d'arrimage avec la check-list, jusqu'en 27.

51

Il arrive que des tempêtes balaient Mars. Elles ont la même origine que les tempêtes de sable dans les déserts terrestres : le Soleil réchauffe de façon différente l'air situé près du sol et en altitude. Cela crée des courants d'air qui, sur Mars, peuvent atteindre 100 km/h. Mais le danger ne provient pas de la force du vent, qui reste peu puissant en raison de la faible densité de l'air : jamais il ne pourrait renverser la base ! La vraie menace vient des fines poussières portées par le vent, qui s'infiltrent partout, abîment le matériel et recouvrent les panneaux solaires. Si la majorité des tempêtes sont locales et de courte durée, certaines, dites « globales », peuvent recouvrir l'ensemble de la planète et durer des mois. Cependant, rassure-toi : seulement une dizaine de ces tempêtes ont été observées sur Mars depuis un siècle.

Puisqu'une tempête martienne ne peut emporter la base, à quoi sert donc la citerne d'eau sous le toit ?

À te protéger contre les rayons cosmiques ? Continue en 24 !
Contre les météorites, va en 77 !

52

— Houston, on a un problème !

Tu attends de longues secondes, sans réponse.

— Houston, vous m'entendez ? t'égosilles-tu dans la radio.

Le commandant James se retourne soudain vers toi :

— Mais… qu'est-ce que tu fais ?

Et là, tu comprends ta bêtise. Mais qu'est-ce qui t'a pris ? Tu le sais, pourtant, que les ondes radio mettent plusieurs minutes à faire le voyage depuis Mars jusqu'à la Terre et qu'en cas d'urgence il est inutile d'attendre de l'aide de Houston !

En perdant ainsi ton sang-froid, tu as gaspillé de précieuses minutes…

Tu dois vite te rattraper ! Mais comment ? En te branchant sur l'ordinateur de bord ? Alors va en **75**.

En filant dans les modules techniques ? C'est en **46**.

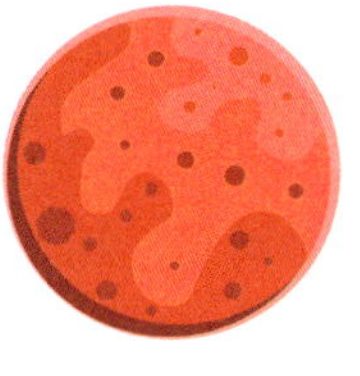

53

Dans l'*Odysseus*, la tension est montée d'un cran. Tout l'équipage est réuni dans la salle de pilotage. Le commandant James et la copilote Linda sont aux manettes. La mise en orbite est une opération périlleuse : la trajectoire de l'*Odysseus* doit être très précise. En effet, l'atmosphère qui entoure la planète devient plus épaisse à mesure qu'on s'approche du sol. Si le vaisseau ne freine pas assez fort, il traversera une atmosphère trop dense et chauffera énormément à cause des frottements de l'air : il risque alors de brûler. À l'inverse, s'il passe trop loin du sol, l'atmosphère ne sera plus assez dense pour le freiner : la vitesse de l'*Odysseus* sera alors trop grande pour une mise en orbite, et vous repartirez aussi vite que vous êtes venus…

— Entrée dans l'atmosphère commencée, annonce le commandant.

— Trajectoire parfaite, ajoute Linda.

— Mais… Qu'est-ce que ça veut dire ?

Ton cœur s'accélère brusquement. Qu'a vu le commandant ?

— Le freinage est trop faible ! annonce James.

— Oui, confirme sa copilote, nous allons trop vite. Pourtant la trajectoire est bonne…

Chacun d'entre vous essaie de comprendre. Y a-t-il une erreur dans le calcul de la trajectoire ? Est-ce à cause de l'atmosphère martienne ? Elle peut être très changeante en fonction des saisons et de la météo... Y a-t-il une autre raison ?

L'heure est grave et chacun retient son souffle.

— Freinage toujours trop faible, lâche le commandant quelques secondes plus tard.

Que faire ? D'où vient le problème ?

Si, pour ne pas perdre de temps, vous choisissez de chercher une solution tout seuls, file en 28.

Si vous appelez Houston en urgence pour avoir plus d'informations sur le problème, va en 7.

54

Le réacteur se trouve droit dans l'axe de la porte de la réserve, à environ dix mètres de là. Ce n'est pas beaucoup mais, quand on marche dans un brouillard de poussière aussi dense, c'est suffisant pour se perdre. Linda et toi marchez lentement, très lentement, en essayant d'aller tout droit… Vous avancez, le cœur battant, quand soudain... une forme... une silhouette... le réacteur !

— Il est là ! t'exclames-tu dans la radio.

— *Oui, je l'ai vu.*

Et maintenant, seconde étape de l'opération survie : rejoindre la base. Tu suis ton idée et fais le tour du réacteur jusqu'aux câbles électriques qui en sortent. Tu t'accroupis et enlèves la poussière qui les recouvre. Un câble est bleu et l'autre rouge.

L'un des câbles alimente la base, l'autre le générateur d'oxygène.
Lequel suis-tu ? Le bleu ? Continue en 40.
Le rouge ? Va en 79.

55

Les jours qui suivent votre festin, la tempête faiblit jusqu'à s'essouffler complètement. Vous avez bien fait de ne pas regagner l'*Odysseus* ! Vous vérifiez les installations de la base, qui heureusement n'ont pas souffert. Les communications avec la Terre, très perturbées par la tempête, redeviennent normales. Tu reçois en retard de nombreux messages de ta famille et de tes amis, et découvres une chose extraordinaire : en tant que plus jeune astronaute de la mission, tu es en train de devenir une vraie star dans les pays francophones. Tes parents te font suivre de nombreuses demandes d'interview. Tu ne sais pas très bien comment réagir à cette célébrité : le succès de la mission est le fruit d'un travail d'équipe.

Si tu décides de ne pas répondre aux interviews, va en 45.
Si tu demandes conseil au commandant James, poursuis en 14.
Si tu estimes que tu as fait ta part du travail et que tu mérites l'intérêt des médias, continue en 64.

56

Tu ne t'arrêtes pas de marcher ; au contraire, tu accélères même le pas. Le temps joue contre toi. Dès que le Soleil se couchera, la température descendra très vite. Comme tu le sais, l'atmosphère martienne est très peu dense. Contrairement à ce qui se passe sur Terre, il n'y a pas d'effet de serre : la chaleur apportée en journée par les rayons du Soleil n'est pas emprisonnée la nuit par l'air. Du coup, la température la nuit peut baisser de 100 °C par rapport à la journée ! Tu dois donc te dépêcher de rejoindre la base, sinon le froid te congèlera sur place. Et tant pis si tu n'y vois plus grand-chose : tu ne cherches même plus à suivre la trace du rover, juste à avancer tout droit.

Soudain, après une demi-heure à marcher dans la pénombre, tu aperçois au loin les lumières de la base. Malgré le froid qui te mord les membres, malgré la faim et l'épuisement, tu accélères encore le rythme. Tu dois y arriver ! Tu penses à tes compagnons, à tes parents, à tes amis, à la Terre. Tu y es presque ! Pas après pas, mètre après mètre, les lumières grossissent. Tu commences à distinguer des détails familiers : la silhouette de la base, celle de l'atterrisseur. Encore quelques centaines de mètres… quelques mètres… quelques pas… le sas d'entrée… la chaleur de la base… le bruit de tes compagnons. Tu es sauvé !

À l'intérieur, devant un bon petit plat chaud — tu n'as jamais autant apprécié la nourriture déshydratée ! — tu racontes à l'équipe tes mésaventures. Cette nuit, ils ne pourront malheureusement pas porter secours à Antonio. Mais, dès l'aube, ils iront le chercher avec le rover décapotable et un scaphandre de rechange...

Ta première exploration aura été un baptême du feu, au sens propre du terme. La suite de ta mission sera-t-elle plus tranquille ? Découvre-le en 16 !

57

Tu te racles la gorge :

— Euh… James, quand est-ce que je partirai en exploration, moi ?

Le commandant semble surpris de ta demande.

— C'est un peu grâce à moi si on en est là, insistes-tu.

— Oui, mais j'ai un programme de travail à respecter. Les scientifiques sont prioritaires pour les premières explorations.

Les autres te regardent, interloqués. Tu as envie de te taire et, en même temps, tu as fait tes preuves. Même si tu es très jeune, tu mérites de partir en exploration dès maintenant !

Si tu te ranges à l'avis du commandant, va en 59.
Si tu penses que tes raisons sont tout aussi valables que les siennes et qu'il peut faire un petit effort pour te permettre de partir, poursuis en 26.

58

Au petit matin, alors qu'Antonio et toi dormez paisiblement sur les couchettes du rover...

Hiiiiii ! Hiiiiii ! Hiiiii !

Tu te réveilles en sursaut.

Une alarme !

Ce sont les détecteurs de fumée.

L'ordinateur de bord indique un début d'incendie dans les circuits électriques du rover.

Vous devez agir sans perdre une seconde...

Vous enfilez vos scaphandres ? Vite, en 15 !

Vous sautez sur l'extincteur ? Il est en 90 !

Vous coupez l'électricité dans les circuits concernés ? C'est en 47 !

59

Tu as bien fait d'accepter la décision de ton chef ! Une mission martienne n'est pas une aventure comme les autres : pour que six personnes puissent vivre sur une période aussi longue dans un espace aussi petit, il faut que chacun y mette du sien. Si l'un de vous commence à faire des caprices, à bouder, ou à en vouloir aux autres, cela risque de dégénérer assez vite. Et impossible de dire : « Bon, c'est vrai, je suis fatigué, j'ai besoin de vacances. Je pars me reposer quelques jours avec ma famille et je reviens ! » L'une des clés du succès est la cohésion du groupe. Et grâce à ta sage décision, tu as permis de maintenir cette cohésion. Bravo !

Pendant les semaines qui suivent, ton travail consiste à t'occuper de tout ce qui est informatique, robotique et mécanique, à l'intérieur comme à l'extérieur de la base : fonctionnement des machines qui gèrent le recyclage de l'eau ou le filtrage de l'air, entretien des rovers…

Le rythme de tes journées ressemble à celui que tu connaissais sur Terre. Tu te lèves, tu fais ta toilette, tu prends ton petit déjeuner, puis tu te mets au travail jusqu'à midi. Après le déjeuner pris en commun — il est important que vous mangiez tous ensemble — tu retournes au travail. Le soir, après le dîner, c'est temps libre.

Tes semaines aussi sont semblables à tes semaines terrestres : six jours de travail, puis un de repos. Pendant qu'une équipe de deux personnes part en exploration pour la semaine, les quatre autres restent à la base. La semaine suivante, l'équipe qui était partie étudie les échantillons rapportés dans le laboratoire, pendant qu'une autre part en expédition.

Quant à toi, pour le moment, tu restes à la base et continues l'aventure en 82.

60

Les rétrofusées, qui poussent le vaisseau dans le sens inverse de sa trajectoire, sont un moyen de freinage sûr et précis.

— Allumage des rétrofusées, ordonne le commandant.

— Déjà ? s'étonne Linda. C'est trop tôt. Nous n'aurons jamais assez de carburant pour tenir jusqu'au sol !

Si la rétropropulsion produit un excellent freinage, elle est trop gourmande en carburant pour être utilisée seule ! Il faut d'abord ralentir l'atterrisseur avec un parachute.

— Le parachute ne parvient pas à se déployer ! s'étrangle le commandant.

Terreur dans la capsule. Aurez-vous assez de carburant ?

— Plus que 22 secondes de carburant… et 4 000 pieds d'altitude.

Vous allez vous écraser ! L'atterrissage est la seule phase de la mission où aucun plan B n'est possible. Au moindre problème, c'est la fin ! Et c'est ce qui va vous arriver très bientôt, et très… brutalement.

Ta mission s'achève ici. Peut-être aurais-tu pu prendre de meilleures décisions ? Pour le savoir, retourne au premier chapitre !

61

Tu rejoins James dans la salle de contrôle de la base.

— L'ordinateur indique que la production d'oxygène s'est brusquement arrêtée, t'explique-t-il.

— Quel est le niveau de nos réserves ?

— Il est correct. Pas d'inquiétude pour le moment. Mais si on veut rester ici encore plus d'un an, il faut relancer la production.

— OK, je vais voir.

Tu enfiles ton scaphandre, prends ta boîte à outils, sors de la base et marches jusqu'au générateur. Il est facile à repérer : le réacteur nucléaire l'alimente en électricité grâce à un énorme câble rouge, la base étant, elle, alimentée par un câble bleu. Tu enlèves le capot et comprends tout de suite le problème : une pièce en plastique s'est cassée. Les systèmes de sécurité ont ensuite arrêté la machine.

Pour réparer, tu peux aller en **39** et fabriquer une nouvelle pièce, mais cela prendra du temps.
Ou bien tu peux te diriger vers **70** et coller entre eux les morceaux cassés, ce qui est plus simple et plus rapide.

62

Le commandant finit de contrôler les paramètres vitaux de la base.

— OK, tout est en ordre, vous pouvez vous déshabiller !

Tu peux enfin enlever ton scaphandre et explorer cet endroit où tu vas passer les quinze prochains mois de ta vie. Ce n'est pas grand, mais très fonctionnel : la base est un cylindre de 10 mètres de diamètre, sur deux étages. Au rez-de-chaussée, la salle de contrôle de la base et de communication avec la Terre, les laboratoires, la cuisine, la salle à manger ou encore la salle commune. À l'étage, les couchettes, les sanitaires et la salle de sport. Le toit renferme une citerne qui contient vos réserves d'eau. L'emplacement de cette citerne est important pour votre survie sur Mars. Sais-tu pourquoi ?

Pour empêcher les rayons cosmiques de vous atteindre ? Va en 24.
Pour éviter que les météorites ne vous écrasent ? Continue en 77.
Pour alourdir la base et empêcher qu'une tempête de sable ne l'emporte ? Poursuis en 51.

63

Bien sûr, il faut noter précisément l'endroit où sont faits les prélèvements, pour pouvoir ensuite aller y reprendre d'autres échantillons si l'analyse se révèle intéressante. Mais, en l'occurrence, le problème est autre : le souci, c'est qu'en manipulant le sable avec tes mains nues tu l'as peut-être pollué avec tes propres bactéries. Si tu y découvres des traces de vie, comment savoir si elles étaient là avant ton arrivée ou si c'est toi qui les y as mises ? Avant de quitter la Terre, tout votre matériel a été stérilisé, pour éliminer un maximum de germes. Il ne faudrait pas polluer Mars avec les microbes terriens ! Et, à votre retour, il ne faudra pas polluer la Terre avec d'éventuels microbes martiens !

Allez, ta première journée d'exploration a été chargée : il est temps d'aller en 58 te coucher !

64

Tu décides de répondre aux interviews par l'intermédiaire de tes parents. Petit à petit, ta célébrité grandit bien au-delà de ton propre pays. Tous les médias veulent que tu leur dises quelques mots. Tu te prends au jeu et racontes ta première exploration, la tempête de sable...

Trois semaines plus tard, le commandant James demande à te parler. Il n'a pas l'air content.

— Houston m'a envoyé ça. C'est quoi ?

Tu regardes la tablette qu'il te tend.

— C'est une interview que j'ai donnée.

— Tu aurais dû me prévenir et me la faire lire avant de l'envoyer. Regarde là ! Tu parles de l'incendie du rover et du problème de scaphandre d'Antonio, lors de ta première expédition. Tu te rends compte de l'image que tu donnes de nous ?

— Mais c'est la vérité !

— Oui, mais toutes les vérités ne sont pas forcément bonnes à dire. Nous devons faire connaître notre travail aux Terriens, pour que les gouvernements des différents pays financent de nouvelles missions martiennes. Mais si tu racontes que nous faisons du bricolage...

Tu comprends soudain ton erreur.

— Tu as raison… J'aurais dû y réfléchir… Je suis vraiment désolé.

— C'est trop tard, le mal est fait. Houston est furax de l'image que tu donnes de la mission. Désormais, toutes tes interviews passeront par moi, puis par Houston…

Tu as l'impression d'être un enfant pris en faute. C'est vrai que tu aurais dû prévenir James avant d'agir.

Pendant les mois qui suivent, tu as l'impression d'être un peu mis à l'écart : tes compagnons continuent à te parler et à te faire confiance, mais le nombre de demandes d'interview diminue. Houston filtre tout. Cette mission finit pour toi d'une manière un peu amère. Comme si quelque chose s'était cassé.

Le voyage du retour promet d'être long…

Ta mission s'achève ici. Peut-être aurais-tu pu prendre de meilleures décisions ? Pour le savoir, retourne au premier chapitre !

65

Dans la base, vous réfléchissez au meilleur moyen de sortir vos compagnons de cette mauvaise passe. Doivent-ils attendre que la tempête se calme ? Trop aléatoire. Se baisser et revenir à la base en suivant leurs traces de pas dans la poussière ? Il y a des milliers d'empreintes autour de la base, qui vont dans tous les sens. Le mieux serait qu'une personne sorte de la base et parte à leur recherche. Pour qu'elle ne se perde pas à son tour, il suffirait qu'elle s'attache à un filin, l'autre extrémité étant accrochée à la porte de la base. Mais comment retrouver vos compagnons dans un nuage de poussière aussi épais que de la purée de pois ?

Si tu penses qu'il est possible d'utiliser aussi le filin comme un filet de pêche pour les retrouver, continue en 85.
Si tu préfères employer une caméra à infrarouge, il y en a une en 80 !

66

Une goutte de sueur coule sur ton front. Tu aurais dû prendre la check-list. Elle fait partie de la procédure : pour éviter toute approximation, il faut la suivre scrupuleusement. Mais là, c'est trop tard... Tu mets l'interrupteur sur ON et... *Hiii ! Hiii ! Hiii !* Une sirène se déclenche et des voyants s'allument. Ni une ni deux, tu le mets sur OFF. La sirène s'arrête.

— Bon sang, qu'est-ce qui s'est passé ? demande le commandant.

— *Un problème ?* s'inquiète Houston dans le casque.

— C'est moi, finis-tu par avouer... Fausse manip. *Sorry* !

Plus de peur que de mal.

Discrètement, tu saisis la check-list sous ton siège et tu poursuis les opérations d'arrimage à l'*Odysseus* en 27.

La solution la plus rapide et la moins gourmande en carburant pour se rendre sur Mars consiste à ne pas viser la planète directement ! Pour cette option, la Terre et Mars doivent être dans des positions idéales l'une par rapport à l'autre. Cette configuration se produit tous les deux ans, et fixe ainsi les dates de départ des missions vers Mars. Le vaisseau quitte l'orbite de la Terre autour du Soleil pour rejoindre celle de Mars. Cette trajectoire, appelée « orbite de transfert de Hohmann », permet de rejoindre la planète rouge en huit mois.

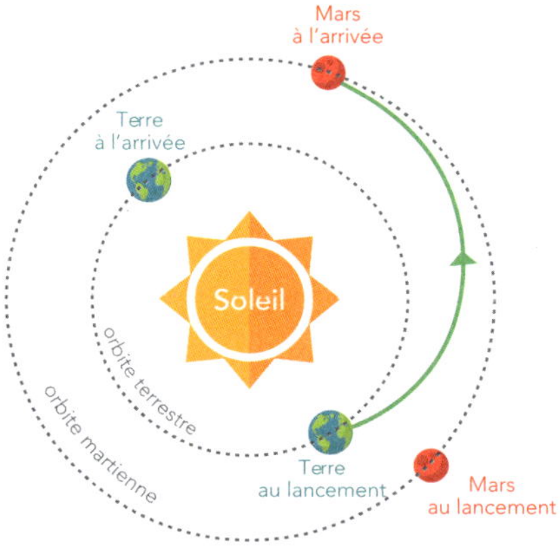

Après quinze mois sur Mars, les deux planètes sont à nouveau dans des positions idéales pour un retour sur Terre en suivant, cette fois encore, une orbite de transfert de Hohmann. Le voyage durera huit mois. C'est ce qu'on appelle le **scénario de conjonction**.

Une autre possibilité est que le séjour sur Mars ne dure qu'un mois. Le trajet du retour est alors différent : le vaisseau se dirige vers Vénus, puis fait le tour du Soleil et revient vers la Terre. La durée du trajet est de treize mois. C'est le **scénario d'opposition**.

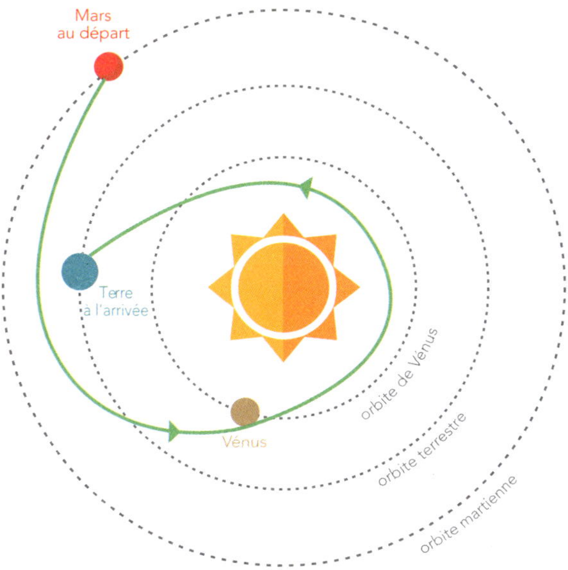

Le scénario privilégié est celui de conjonction, qui permet de rester longtemps sur place, avec un voyage de retour plus court ; mais la durée totale de la mission s'en trouve allongée.

Maintenant que tu sais quelle direction prendre, rends-toi en 44 pour la suite du voyage !

68

Tu penses que le risque est faible et tu as raison : les tempêtes longues et globales sont très rares. Tes compagnons se rangent d'ailleurs à ton avis et vous décidez de rester sur Mars. Les jours qui suivent, vous mettez à l'abri tout ce qui doit l'être. Houston vous envoie régulièrement des images satellite de l'avancée de la tempête : plus que cinq sols, quatre sols, trois sols, deux sols…

— Il faudrait mettre les rovers en veille totale. Tu peux le faire ? te demande le commandant.

Tu regardes ta montre : le temps presse. Il faut trois heures pour une procédure de mise en veille, une heure pour une veille partielle. Or, selon Houston, la tempête arrivera dans deux sols…

Si tu réponds au commandant : « OK, j'y vais ! », continue en **33**.
Si tu lui dis : « Je vais faire une veille partielle, car je n'ai plus le temps pour une veille totale », continue en **48**.

69

Une journée s'écoule, pendant laquelle tu essaies de réparer le rover. En vain. Et vos compagnons ne sont toujours pas arrivés…

Le soir, tu vérifies attentivement tous les paramètres vitaux de votre véhicule. Si le niveau d'oxygène reste correct, malgré la dépressurisation forcée de la nuit précédente, celui des batteries baisse anormalement vite. Vous décidez de diminuer le chauffage du rover, qui consomme beaucoup d'énergie. Rapidement, la température dans l'habitacle tombe à 5 °C. Vous passez la nuit à grelotter. Au petit matin, vous devez prendre une décision.

Si vous pensez qu'il ne faut pas s'éloigner du rover et attendre sagement l'arrivée de vos compagnons, continuez en 74.
Si tu décides de partir chercher des secours, va en 78.

70

Le plus simple semble être de recoller les deux bouts. Dans la base, tu as d'ailleurs une colle extraforte pour plastique. Tu t'y rends, répares la pièce, puis retournes au générateur et la remets en place. Tu débranches le système de sécurité et relances la machine : ça roule !

Alors que tu retournes tranquillement à la base, ta boîte à outils sous le bras, tu reçois un appel radio du commandant.

— *Ici James, tu m'entends ?*

— Oui, cinq sur cinq !

— *Tu as réparé le générateur d'oxygène ?*

— Oui.

— *Ah… L'ordinateur me dit qu'il est à nouveau arrêté. Tu peux aller voir ?*

Tu retournes une nouvelle fois au générateur et l'ouvres. La pièce que tu viens juste de coller a lâché. Plus grave, l'un des deux morceaux est venu se coincer dans le moteur. Pourquoi le système de sécurité n'a-t-il pas fonctionné ? Aïe, aïe, aïe ! Tu as oublié de le rebrancher après avoir remis le générateur en marche. Tandis que tu démontes le moteur, ton sang se glace soudain : il a grillé ! Et, sur Mars, il n'y en a pas de rechange… Tu as voulu réparer au plus vite, et le résultat est encore pire. Il va falloir que tu annonces tout ça au commandant…

Les jours suivants, dans une ambiance de mort, vous essayez de bricoler le générateur en récupérant un moteur sur l'atterrisseur, dont vous n'aurez plus besoin. En vain. Rien ne marche. Après deux semaines, les réserves d'oxygène ont baissé dangereusement. Le commandant décide alors que vous allez regagner l'*Odysseus*, en attendant un retour vers la Terre. La mission a avorté et tu te sens terriblement responsable. Et dire que tu n'as même pas pu réaliser ton rêve, partir en exploration en rover ! Tu t'en souviendras longtemps, de ton anniversaire sur Mars…

Ta mission s'achève ici. Peut-être aurais-tu pu prendre de meilleures décisions ? Pour le savoir, retourne au premier chapitre !

71

Alors que tu t'apprêtes à retirer ton casque, tu sens quelque chose se poser sur ton épaule. Tu sursautes, mais ce n'est que la main gantée de Markus.

— *Attends une seconde !* te prévient-il par radio en désignant James du doigt.

Encore dans son scaphandre, le commandant contrôle sur l'ordinateur de la base toutes les données. Tu es en effet allé un peu vite en besogne : avant d'enlever ton casque, il faut vérifier que la base est correctement pressurisée et que le taux d'oxygène est bon. Sinon, ce serait la catastrophe. Tu dois toujours, toujours, toujours être prudent !

En attendant le feu vert du commandant, rends-toi en 62.

72

La cage à écureuil a la forme d'une immense roue de bicyclette. On y accède depuis le reste de la station grâce à des couloirs situés dans les rayons de la roue. L'intérêt ? En tournant sur elle-même à une vitesse lente mais constante, elle agit comme une essoreuse à salade : quand tu es dedans, tu ressens une force qui te pousse vers l'extérieur et te maintient au sol. Grâce à cette gravité artificielle, tu ne flottes plus. Manger, boire, dormir, faire ses besoins, se déplacer, s'asseoir devient plus facile qu'en apesanteur. Les couchettes, la salle commune, la cuisine, la salle de sport ou la salle des commandes se trouvent donc dans la cage à écureuil.

Si tu n'as pas encore vu les modules techniques, tu peux y aller en 32.
Pour l'atterrisseur, flotte jusqu'en 42.

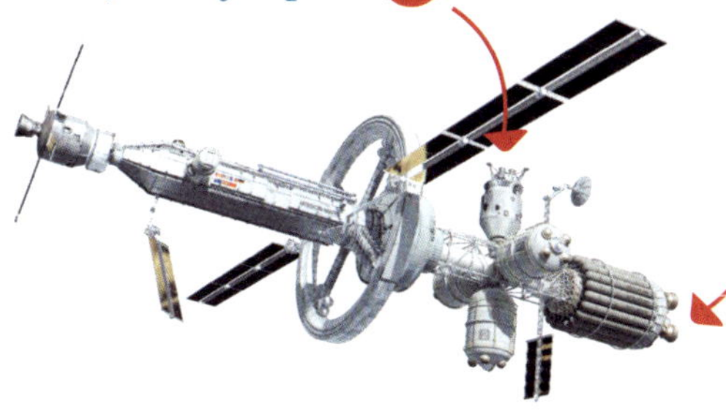

Si tu préfères mettre tout de suite le cap vers Mars, va en 9.

73

Tu cherches en vain la boussole sur le tableau de bord. Il n'y en a pas, et c'est normal ! Mars est une planète qui, lorsqu'elle est apparue il y a 4,5 milliards d'années, était chaude. Mais parce qu'elle est petite, son cœur a refroidi et s'est entièrement solidifié. Elle ne possède donc pas, contrairement à la Terre, un noyau de fer et un manteau de roche en fusion. Cela a deux conséquences : d'une part, Mars n'a aujourd'hui plus aucune activité tectonique — il n'y a pas de volcans actifs ni de tremblements de terre —, d'autre part, la planète rouge ne produit pas de champ magnétique — ce qui permet aux aimants de pointer vers le nord. Sur Mars, une boussole est donc absolument inutile !

Alors, comment fais-tu pour te diriger sans boussole ? Avec la carte ? Va en 22.

Avec un GPS ? File en 49 !

74

Dans l'après-midi, la température extérieure avoisine les – 20 °C, et celle du rover tombe à 0 °C. Antonio et toi vous racontez des souvenirs d'enfance pour vous remonter le moral. Quand soudain… un nuage de poussière à l'horizon… Le second rover arrive ! Vous êtes sauvés !

— Vous nous avez retrouvés facilement ? demandes-tu à tes compagnons lorsqu'ils pénètrent dans votre véhicule.

— Oui, à la manière des Sioux : en suivant les traces de pneus de votre véhicule sur le sol.

Tes compagnons commencent par te ramener à la base, puis ils repartent chercher Antonio avec un nouveau scaphandre. Vous êtes tous de retour, sains et saufs !

Après cette aventure, la vie reprend un rythme plus tranquille à la base, en 16. Mais pas pour très longtemps…

75

Tu te précipites vers l'ordinateur central.

— Allez, Hal, je veux savoir si le problème vient de toi ! lances-tu à l'ordinateur en l'appelant par le surnom que vous lui avez donné.

Tu tapes ton code et pénètres dans les entrailles de la machine.

— Tu as deux minutes pour trouver le problème et le résoudre, te prévient le commandant. Si tu n'y arrives pas, je remets les gaz et on repart vers la Terre.

Pression maximale. Tu sais parfaitement où se trouve le programme qui coordonne le positionnement des panneaux. Quinze secondes s'écoulent. Là, on y est… Ah, tiens, un sous-système indique qu'il y a un bug… Rien de bien grave, semble-t-il. Trente secondes. Peut-être qu'en rebootant le sous-système, cela suffira. Tu lances le redémarrage. Quarante-cinq secondes. L'ordinateur mouline et les secondes filent. Une minute et dix secondes.

— Ça devrait être bon ! t'écries-tu à l'intention de Linda. Essaie d'orienter les panneaux !

Une minute et vingt-cinq secondes.

— Ils bougent ! s'exclame la copilote.

— La vitesse diminue, confirme le commandant James. Calcul de la nouvelle trajectoire…

— Correction effectuée. Tout est OK.

Un sourire illumine le visage de tes compagnons. Jouant à la fois sur les rétrofusées et sur l'orientation des panneaux solaires, le commandant et Linda maintiennent le vaisseau sur la trajectoire idéale. Après plusieurs heures de manœuvres et de corrections, l'*Odysseus* est placé sur l'orbite prévue. Quel soulagement !

Tu peux être fier de toi : tu as sauvé la mission. Tu n'as désormais plus de doute à avoir : tu as toute ta place dans l'équipage !

Profite bien de ce court moment de répit, car bientôt va débuter l'une des étapes les plus délicates de tout le voyage. Va en 34 pour découvrir laquelle !

76

Pendant la suite de votre séjour sur Mars, tu tiens un blog où tu racontes la vie quotidienne à la base, le travail de chacun, les expéditions… Tu postes également des photos de tes compagnons ou des paysages martiens. Rapidement, ton blog est traduit dans plusieurs langues et ta célébrité devient mondiale. Il est même prévu qu'un éditeur en fasse un livre, pour donner envie aux jeunes lecteurs de découvrir Mars et de devenir astronautes. Intitulé *Mission Mars*, cet ouvrage sortira le jour de ton retour sur Terre.

D'ailleurs, ce jour va bientôt arriver.

Après quinze mois passés sur Mars, tes compagnons et toi prenez place dans le module qui vous ramènera à l'*Odysseus*.

Avec un pincement au cœur, tu écoutes le commandant James égrener les secondes avant le décollage.

5… 4… 3… 2… 1… décollage vers 91 et la fin de ta mission !

77

Les météorites sont des pierres venues de l'espace qui tombent sur une planète. Celles qui foncent vers la Terre traversent l'atmosphère terrestre avant d'atteindre le sol. Le réchauffement dû aux frottements de l'air fait qu'une grande partie d'entre elles brûlent et sont détruites avant d'atterrir. Sur Mars, l'atmosphère étant peu dense, le réchauffement est plus faible et les météorites plus nombreuses à percuter le sol. Elles peuvent constituer un danger, mais ce n'est pas la raison pour laquelle la citerne d'eau a été placée sous le toit : l'eau ne vous protégera pas d'une pluie de cailloux !

Alors, de quoi vous protège donc la citerne sous le toit ? Des rayons cosmiques ? Va en 24 !

Des tempêtes martiennes ? Rends-toi en 51 !

78

À l'aube, tu manges copieusement, tu passes aux toilettes, tu enfiles ton scaphandre, puis tu vérifies ton niveau d'oxygène et ta réserve d'eau : dans la journée, tu vas devoir marcher pendant environ dix heures sans t'alimenter ni te soulager. Tout ce que tu pourras faire, c'est t'hydrater à l'aide d'une pipette installée dans ton casque…

Bon, il faut y aller maintenant ! Tu franchis le sas du rover et te mets en route. Seul au milieu du paysage martien, tu suis ton fil d'Ariane : les traces de pneus que vous avez laissées à l'aller, et qui te conduiront droit à la base.

Tu marches une demi-heure, une heure, deux heures, cinq heures... À intervalles réguliers, tu s'assieds cinq minutes pour reprendre des forces. Si seulement tu pouvais avaler une banane ou une barre chocolatée ! Plus tu avances, plus c'est dur. Parfois, en regardant le paysage, tu as l'impression d'être déjà passé par là. Mais ce n'est qu'une illusion due à la fatigue. À quelle distance te trouves-tu de la base ? D'après ta montre, tu as marché neuf heures, mais le soleil descend déjà sur l'horizon. La luminosité devient vite si faible que tu as du mal à suivre les traces de pneus. Lorsqu'il fera nuit, tu verras certainement les lumières de la base au loin. Tu pourras alors facilement te diriger. En attendant, il fait trop sombre pour suivre les traces de pneus, et pas assez pour voir la base… Que faire ? Continuer ou t'arrêter et attendre la nuit ?

Va en 56 si tu décides de continuer : bien sûr, tu risques de t'égarer, mais tu n'as pas de temps à perdre, car tu penses que ton scaphandre ne te protègera pas du froid de la nuit...
Arrête-toi en 23 si tu préfères reprendre des forces en attendant de voir les lumières de la base : les nuits sur Mars ne sont pas si froides et tu fais confiance au système de chauffage de ton scaphandre.

79

À quatre pattes, tu commences à suivre le câble rouge, Linda sur tes talons.

— *Eh !* s'exclame-t-elle soudain, *tu vas où ?*

— À la base !

— *En faisant un détour par le générateur d'oxygène ?*

Tu comprends soudain que tu t'es trompé.

— Euh… oui, je pensais qu'il y avait peut-être du soleil là-bas ! plaisantes-tu pour tenter de cacher ton erreur.

Vous faites demi-tour et suivez cette fois le câble bleu, en 40.

80

Les caméras à infrarouge permettent de « voir » sur un écran la chaleur émise par une chose ou un être vivant. Il est ainsi possible de repérer un animal ou un humain la nuit, car leur sang est chaud, ou encore de détecter les pertes de chaleur dans l'isolation d'une maison.

Sur Mars, les astronautes ont des combinaisons très isolantes, pour empêcher le froid d'entrer et, ce faisant, la chaleur de l'astronaute de sortir. Essayer de voir un astronaute avec une caméra à infrarouge est donc inutile !

Heureusement, il y a un autre moyen très simple de retrouver tes compagnons. Va vite en 85 le mettre en application !

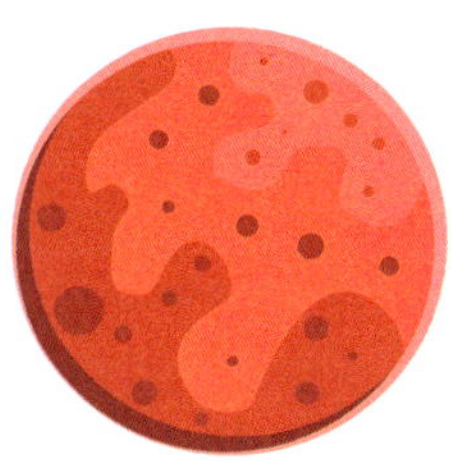

81

Tu estimes qu'il vaut mieux se mettre à l'abri dans l'*Odysseus* et, après une discussion longue et animée, une majorité de membres de l'équipage finissent par penser comme toi. Quatre jours plus tard, alors que la tempête fonce vers vous, vous mettez la base en mode veille. Revêtus de vos scaphandres, vous prenez place dans le vaisseau qui vous conduira à l'*Odysseus*.

Le commandant James et la copilote Linda suivent scrupuleusement la check-list pour la mise à feu. Un décollage depuis Mars n'est pas aussi risqué qu'un décollage depuis la Terre ou qu'un atterrissage sur Mars : la gravité étant faible et l'atmosphère peu dense, cela nécessite relativement peu d'énergie. Le commandant égrène les secondes avant le décollage.

— 5... 4... 3... 2... 1... mise à feu !

Secouée de toutes parts, la fusée s'élève dans le ciel martien. Après de longues minutes, elle est placée avec succès en orbite puis, quelques heures plus tard, elle s'arrime à l'*Odysseus*. Vous pénétrez dans le vaisseau dix mois après l'avoir quitté, mais avec cinq mois d'avance sur le programme initial. De là-haut, vous avez une vue imprenable sur Mars et sur la tempête de sable à laquelle vous avez échappé. Pendant les trois semaines qui suivent, vous la voyez évoluer, se développer, s'amplifier, puis stagner, s'affaiblir et… disparaître !

Ah, que c'est terrible ! La tempête s'est dégonflée très rapidement, comme la majorité des tempêtes martiennes... Et le pire, c'est que vous allez devoir passer les cinq mois qui viennent dans le vaisseau, sans pouvoir ni retourner sur Mars ni avancer votre départ vers la Terre. Bien sûr, vous avez fait du très bon travail sur la planète rouge, mais il vous restera toujours un arrière-goût d'inachevé... Vous rentrerez sur Terre en héros d'une mission à moitié accomplie…

Ta mission s'achève ici. Peut-être aurais-tu pu prendre de meilleures décisions ? Pour le savoir, retourne au premier chapitre !

82

Un mois et demi a passé depuis ton arrivée sur Mars.

— Ah, je te cherchais !

Alors que tu es sur ton lit à lire tes mails — tu en as eu plein, car c'est ton anniversaire —, Mei déboule dans ta chambre.

— Viens vite, on a besoin de toi !

— Eh, on se calme ! t'exclames-tu en souriant. C'est ma journée de repos !

— Oui, mais on a un problème avec le générateur d'oxygène. Dépêche-toi !

L'entrée de Mei a été si brutale… Juste avant, tu étais plongé dans tes mails, en compagnie de ta famille et de tes amis : ton esprit était sur Terre. Et voilà que la géologue t'a brusquement ramené sur Mars. Que lui réponds-tu ?

Si tu as besoin d'un petit moment pour rassembler tes idées sur le générateur d'oxygène, dis à Mei de patienter le temps que tu éteignes ta tablette, et file en 19.

Si tu la suis sans attendre, va en 61.

83

Dans l'équipe, tu es le spécialiste en robotique et en informatique : ton rôle est essentiel car, sur Mars, de nombreuses tâches sont automatisées, c'est-à-dire effectuées par des ordinateurs ou des robots. Pendant le voyage, tu travailles à devenir un super-spécialiste ! Tu bricoles des bras articulés, tu écris des lignes de code pour les faire bouger, tu te plonges dans les programmes qui gèrent les systèmes de survie à bord. Après quelques semaines, Hal — c'est le petit nom que vous avez donné à l'ordinateur central — n'a plus de secret pour toi. En fait, le seul bug que tu rencontres vient de ton propre corps : tu as l'impression que tes jambes maigrissent et que tu t'essouffles au moindre effort…

Tu as négligé de maintenir ton corps en bon état de fonctionnement, alors file à la salle de sport, en 36 !

84

Antonio prend quatre grandes inspirations pour oxygéner au maximum son corps, puis il remet son casque et bloque sa respiration. Le temps est désormais compté ! Tu lances immédiatement la procédure de dépressurisation : tous les gaz contenus dans l'habitacle en sont expulsés et le vide est fait. Or, sans oxygène, pas de feu. L'incendie s'éteint immédiatement.

— Tu tiens le coup ? demandes-tu à Antonio.

Il ne répond pas pour économiser son oxygène, mais tu sens qu'il ne pourra pas rester ainsi beaucoup plus longtemps. Tu entames une repressurisation rapide. Après vingt secondes, l'ordinateur indique que le taux d'oxygène est redevenu normal. Antonio a perdu connaissance. Tu retires son casque et prends son pouls. Il bat encore ! Tu l'allonges par terre et lui fais du bouche-à-bouche. Il revient à lui ! Ouf, tu respires… et lui aussi !

Un peu plus tard, tu demandes à l'ordinateur de bord, qui heureusement n'a pas été touché par l'incendie, de faire un check-up complet du véhicule. Résultat : le système radio est hors-service, ainsi que le système de pilotage. Autrement dit, vous ne pouvez ni bouger d'ici ni demander de l'aide à la base. Bien sûr, sans nouvelles de vous, vos compagnons finiront par comprendre que vous avez un problème. Mais combien de temps cela prendra-t-il ? Pour le moment, le système de pressurisation fonctionne et le niveau de charge des batteries reste correct, mais cela durera-t-il ? Si Antonio ne peut pas quitter le rover à cause de son scaphandre défectueux, toi tu le peux. Ne serait-il pas judicieux que tu rentres à la base à pied ?

Si vous décidez d'attendre les secours, poursuis en 69.
Si tu décides de regagner la base à pied, mets-toi en route en 78.

85

Pour retrouver tes camarades, tu as une idée toute simple que tu proposes à James, qui la trouve géniale. En plus, tu n'auras besoin que d'un filin de 25 mètres !

Tu enfiles ton scaphandre et demandes à Mei d'attacher un bout de la corde à ton poignet.

Tu franchis le sas et sors de la base, le filin à la main. Tu accroches l'autre bout à la porte de la base.

— Linda, tu m'entends ? demandes-tu par radio.

— *Oui, cinq sur cinq.*

— Ne bougez pas, je viens vous chercher !

La tempête de poussière est maintenant si forte que tu vois à peine tes propres pieds. Comment vas-tu retrouver Linda et Markus ? Tu sais qu'ils sont quelque part droit devant toi, à environ 20 mètres. Première étape : tu pars sur ta gauche jusqu'à ce que ta corde de 25 mètres se tende. Deuxième étape : tu marches maintenant vers la droite de manière à ce que la corde reste toujours tendue. Tu décris donc un arc de cercle dont le centre est la porte de la base.

— Linda et Markus, lorsque vous sentirez un filin contre vous, dites-le-moi !

Tu avances lentement, pas après pas, sans rien voir autour de toi. Soudain, au moment même où tu sens une tension dans la corde, tu entends Markus s'écrier dans la radio :

— *J'ai le filin !*

— OK, j'arrive ! lui réponds-tu.

En ratissant la surface avec la corde, tu as attrapé tes compagnons ! Tu n'as plus qu'à remonter le long du filin tendu pour tomber sur Markus et Linda, puis continuer jusqu'à la porte de la base.

Vous voilà tous réunis ! Quelques heures plus tard, la tempête se calmant un peu, Linda et Markus tentent une nouvelle sortie — accrochés à un filin, cette fois-ci, on n'est jamais trop prudent ! — et en reviennent les bras chargés de victuailles.

Allez fêter cela en 55 !

86

Première nuit dans la base. Nouveaux bruits, nouvelle gravité, mais tu dors correctement. C'est un hasard, mais Mars tourne sur elle-même presque à la même vitesse que la Terre. Une journée sur Mars dure environ vingt-quatre heures et trente minutes, à peine plus que sur Terre. C'est pratique pour garder un rythme normal.

Le lendemain de votre arrivée, après le petit déjeuner, le commandant James vous donne le programme des semaines à venir. Dans un premier temps, tu vas rester à la base pendant que les autres — tous les autres ! — se relaieront pour explorer les environs. Toi aussi, tu aimerais partir en expédition. Après ce que tu as fait pour sauver la mise en orbite de l'*Odysseus*, tu trouves ça injuste !

Que fais-tu ? Si tu décides d'interpeller dès maintenant le commandant sur le sujet, poursuis en 57.
Si tu préfères lui parler en tête à tête, va en 12.
Et si tu te dis que ce n'est pas si grave, que tu partiras plus tard, c'est en 59.

87

Avec Antonio, vous finissez de préparer le rover. À la base, vous disposez de deux sortes de véhicules : le rover fermé, qui ressemble à un gros camping-car et dans lequel vous pouvez vivre sans scaphandre, et le rover ouvert, semblable à ceux utilisés sur la Lune et qui nécessite de garder son scaphandre. Pour une expédition de cinq jours, vous vivrez et dormirez dans le véhicule fermé. Après avoir chargé les vivres et contrôlé les différents éléments du rover, tu en prends les commandes.

— On va plein nord, explique Antonio en te montrant un lieu sur une carte. Je veux étudier les roches au pied de ce volcan…

Comment vas-tu te diriger vers le nord ? Si tu utilises la boussole du rover, poursuis en 73.
Si tu t'orientes grâce à la carte, va en 22.
Et si tu choisis une navigation au GPS, continue en 49.

88

INFORMATIONS SUR MARS

Position dans le système solaire : quatrième planète en partant du Soleil, après Mercure, Vénus et la Terre

Distance moyenne au Soleil : 228 millions de kilomètres (la Terre se trouve à 150 millions de kilomètres)

Diamètre : 6 800 kilomètres (la moitié de celui de la Terre)

Masse : 640 milliards de milliards de tonnes (10 fois moins que la Terre)

Gravité : 0,38 fois plus faible que sur la Terre (tout paraît 2,6 fois plus léger)

Pression atmosphérique : 6 millibars (160 fois moins dense que sur la Terre)

Composition de l'atmosphère : dioxyde de carbone (CO_2) à 95 %

Température maximale : environ 20 °C le jour à l'équateur

Température minimale : – 120 °C

Température moyenne : – 63 °C

Durée d'un jour martien (appelé « sol », pour « solaire ») : 24 heures et 39 minutes (24 heures sur la Terre)

Durée d'une année : 687 jours (365 jours sur la Terre)

Âge de la planète : environ 4,5 milliards d'années (comme la Terre)

Lunes connues : Phobos et Déimos, deux énormes rochers de forme irrégulière, de 15 et 30 kilomètres de long (contre 3 500 kilomètres de diamètre pour notre Lune)

N'hésite pas à revenir à cette page si tu as besoin d'informations sur Mars. Maintenant, descends vite rejoindre les autres en 61 : on a besoin de tes compétences !

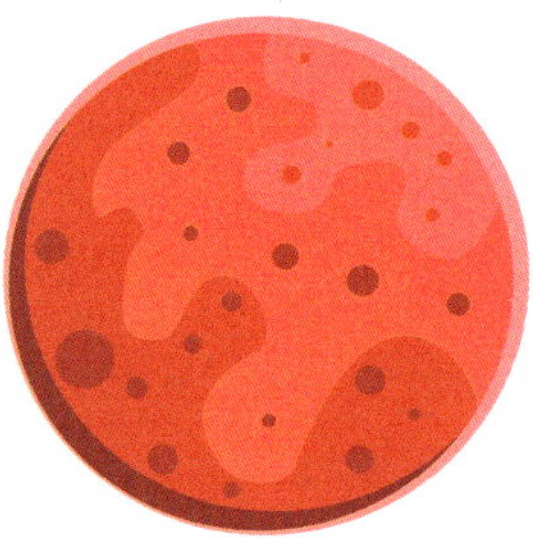

89

Tu t'accroupis et observes le sol autour de toi, à la recherche des traces de pas que vous avez laissées en venant à la réserve. Double problème : d'abord, la tempête a commencé à les balayer. Ensuite, des traces à moitié effacées, il y en a des tonnes tout autour de la base. Et elles partent dans toutes les directions…

Tu te relèves, déçu, et tu réfléchis à nouveau. Finalement, l'idée d'aller au réacteur n'était pas si mauvaise…

— Le réacteur se trouve à moins de dix mètres d'ici, expliques-tu par radio à Linda. C'est beaucoup moins loin que la base. On a moins de risques de se perdre…

— *Et ensuite ?*

Tu expliques ton idée à Linda, qui ne peut s'empêcher de s'exclamer :

— *Excellent !*

Va vite mettre ton plan à exécution en 54.

90

Tu te précipites sur l'extincteur à gaz, fais sauter la goupille de sécurité et te jettes sur la grille d'aération d'où s'échappe une fumée grise. Tu asperges la grille de gaz, mais la fumée redouble et envahit l'habitacle. D'où vient-elle vraiment ? Asperges-tu le bon endroit ? Et si le feu provenait d'un circuit électrique situé plus en profondeur ? Tu dois vite trouver une solution ! Mais la fumée devient si dense que vous n'avez plus le choix, vous devez vous protéger…

Allez vite en 15 enfiler vos scaphandres, avant d'être asphyxiés !

91

L'arrimage à l'*Odysseus* se déroule sans problème. Quelle drôle de sensation de flotter à nouveau en apesanteur, après tant de temps passé sur la terre ferme ! Quelques jours plus tard, Houston donne au commandant James le feu vert pour quitter l'orbite martienne et repartir vers la Terre. Le trajet durera huit mois, mais, comme souvent pendant les voyages, le retour te paraîtra plus court que l'aller. Cette fois-ci, tu ne vas pas vers l'inconnu : tu rentres à la maison, retrouver les tiens. Tu reviens avec l'agréable sentiment d'avoir fait du bon travail. La mission a été un grand succès, et tu as ta part dans cette réussite. Avec James, Linda, Markus, Mei et Antonio, vous pouvez fièrement vous écrier…

MISSION ACCOMPLIE !

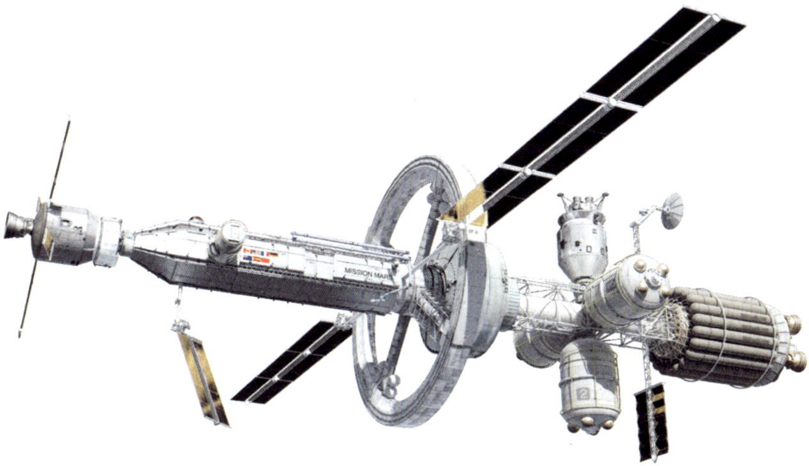

UN PEU DE VOCABULAIRE SPATIAL

Apesanteur : état dans lequel on ne ressent la force de gravité d'aucune planète.

Atome : grain de matière élémentaire. Tous les objets qui nous entourent sont formés d'atomes.

Dépressurisation : chute de la pression dans un habitacle, lorsque l'air qu'il contient se retire.

Dioxyde de carbone : gaz inodore produit notamment par la respiration humaine. Nom scientifique du gaz carbonique.

Gravité : tendance qu'ont les corps ayant une masse à s'attirer les uns les autres. Par exemple, nous sommes attirés vers la Terre à cause de la gravité terrestre.

Houston : ville du Texas, aux États-Unis, où se situe le centre de contrôle des missions habitées de la NASA.

NASA : nom de l'agence spatiale américaine, à l'origine notamment du programme lunaire Apollo.

Orbite : courbe fermée décrite par une planète autour du Soleil ou par un satellite autour d'une planète.

Sas : passage muni de deux portes que l'on ne peut ouvrir en même temps. Un sas permet de maintenir deux milieux isolés l'un de l'autre.